1分钟秘笈

U0298480

Photoshop 人像摄影后期处理实战秘技 250 招

李杏林　编著

清华大学出版社
北　京

内 容 简 介

本书通过250个实战秘技，介绍Photoshop在人像精修应用中的实战技巧，以实战技巧的形式打破了传统的按部就班讲解知识的模式，大量的实战秘技全面涵盖了读者在图像处理中所遇到的问题及其解决方案。

全书共分为17章，分别介绍了修正照片的倾斜和错位、修复照片瑕疵、照片光影与色彩调整、打造时尚流行色调、心灵之窗眼睛的修饰、极致魅惑之唇部处理、百变人像之发型的处理、完美塑形之鼻于与耳朵的修饰、完美无瑕之磨皮与美白、经典V型之修饰脸型轮廓、婀娜多姿之魔鬼身材养成记、妆面大革命、快速替换背景技法、为旧照换新颜、照片的艺术处理和特效制作、解读Camera Raw滤镜、人像照片的综合应用等内容。

全书内容丰富、图文并茂，适合广大Photoshop初学者，以及摄影爱好者或从事影楼后期处理的工作人员，同时也适合高等院校相关专业的学生和各类培训班的学员参考阅读。

本书封面贴有清华大学出版社防伪标签，无标签者不得销售。

版权所有，侵权必究。侵权举报电话：010-62782989 13701121933

图书在版编目(CIP)数据

Photoshop人像摄影后期处理实战秘技250招/李杏林 编著. —北京：清华大学出版社，2018（2018.11 重印）
（1分钟秘笈）

ISBN 978-7-302-48893-4

Ⅰ. ①P… Ⅱ. ①李… Ⅲ. ①图像处理软件 Ⅳ. ①TP391.413

中国版本图书馆CIP数据核字(2017)第287713号

责任编辑：韩宜波
装帧设计：杨玉兰
责任校对：王明明
责任印制：杨 艳

出版发行：清华大学出版社
     网 址：http://www.tup.com.cn, http://www.wqbook.com
     地 址：北京清华大学学研大厦A座   邮 编：100084
     社 总 机：010-62770175   邮 购：010-62786544
     投稿与读者服务：010-62776969, c-service@tup.tsinghua.edu.cn
     质量反馈：010-62772015, zhiliang@tup.tsinghua.edu.cn
印 装 者：北京博海升彩色印刷有限公司
经 销：全国新华书店
开 本：185mm×260mm 印 张：19 字 数：460千字
版 次：2018年3月第1版   印 次：2018年11月 第2次印刷
定 价：78.00元

产品编号：074509-01

在数码相机普及的今天，人像摄影作为备受喜爱的摄影主题之一，受到众多摄影师及爱好者的青睐。相对的，就需要掌握一些常见的后期处理技术，通过对人像存在的一些瑕疵和缺陷，用有效的方法进行处理，让照片实现化腐朽为神奇的转变，展现出数码相机无法拍摄出来的完美效果，带来视觉上的享受。

本书特色包含以下 4 点：

- 快速索引，简单便捷：本书考虑到读者实际遇到问题时的查找习惯，标题即点明要点，从而快速检索出自己需要的技巧。
- 传授秘技，招招实用：本书总结了 250 个使用 Photoshop 人像精修常见的难题，并对图像处理的每一步操作都进行详细讲解，从而使读者能轻松掌握操作秘技。
- 知识拓展，学以致用：本书中的每个技巧下都包含知识拓展内容，是对每个技巧的知识点进行延伸，让读者能够学以致用，在日常工作学习中有所帮助。
- 图文并茂，视频教学：本书采用一步一图形的方式，形象讲解技巧。另外，本书配备了所有技巧的教学视频，使读者的人像精修学习更加直观、生动。

本书共分为 17 章，其内容介绍如下：

- 第 1 章 修正照片的倾斜和错位：介绍按固定大小裁剪照片、通过裁切命令裁切图像、校正倾斜照片、自动裁剪多张照片、通过边界制作照片边框、将照片放大的技巧等内容。
- 第 2 章 修复照片瑕疵：介绍清除镜面反光点、去除照片的杂色、虚化背景来突出人物、为人物添加聚光灯效果、突出照片主体、清除照片中的日期、清除照片中的路灯、拨开脸上的发丝等内容。
- 第 3 章 照片光影与色彩调整：介绍调整曝光不足的照片、调整过亮的照片、调整照片的对比度、叠加中性色、去除照片灰蒙蒙的感觉等内容。
- 第 4 章 打造时尚流行色调：介绍奶白色调、柔美色调、日式清新色调、糖水片色调、欧美色调等色调的调整内容。
- 第 5 章 心灵之窗眼睛的修饰：介绍去除眼袋、消除黑眼圈、创建眼神光、速变立体双眼皮、增强睫毛效果、修出漂亮眉形等内容。
- 第 6 章 极致魅惑之唇部处理：介绍打造漂亮嘴型、涂出炫彩唇彩、滋润双唇、添加珠光唇彩、修齐牙齿等内容。
- 第 7 章 百变人像之发型的处理：介绍改变头发颜色、给头发增强高光、消除头发分支、为头发挑染、打造时尚卷发、为人物添加发饰等内容。
- 第 8 章 完美塑形之鼻子与耳朵的修饰：介绍塑造挺拔鼻梁、缩小大鼻子、去掉红鼻头、修复过大鼻孔、修整招风耳、打造可爱精灵耳朵等内容。
- 第 9 章 完美无瑕之磨皮与美白：介绍清洁脸上油光、去除双下巴、去除人物雀斑、通道磨皮法、使用外部滤镜磨皮、正确的 USM 锐化技法等内容。
- 第 10 章 经典 V 型之修饰脸型轮廓：介绍增强五官的立体感、修复高颧骨、打造完美侧面、为人物瘦脸、添加小酒窝、增强人物妆面等内容。
- 第 11 章 婀娜多姿之魔鬼身材养成记：介绍打造纤细手臂、速变长腿美女、性感小蛮腰、打造丰满胸部、添加胡须、人物整体瘦身等内容。
- 第 12 章 妆面大革命：介绍彩妆、烟熏妆、乳白妆、蝴蝶美妆、另类妆面、打造人物惊艳彩妆等内容。
- 第 13 章 快速替换背景技法：介绍磁性套索工具更换背景、"选择并遮住"命令更换背景、钢笔工具更换背景、利用通道的差异性更换背景、渐变映射配合通道更换背景、"计算"命令更换背景等内容。
- 第 14 章 为旧照换新颜：介绍去除老照片的发霉点、划痕、网纹、数码杂色、污渍、破损等内容。
- 第 15 章 照片的艺术处理和特效制作：介绍制作华丽风格效果、烧焦老照片效果、彩铅效果、水墨效果、工笔效果、油画效果、插画效果、创意文字人像效果、漫画效果等内容。
- 第 16 章 解读 Camera Raw 滤镜：介绍 Camera Raw 滤镜校正白平衡、调整曝光、校正色差、拉直和裁剪照片、修饰照片斑点、局部降噪、修复局部色调等内容。

⏱ 第 17 章 人像照片的综合应用：介绍人像在合成、版式、创意设计、海报、淘宝装修中的应用。

本书作者：

　　本书由李杏林编著，其他参与编写的人员还有张小雪、罗超、李雨旦、孙志丹、何辉、彭蔓、梅文、毛琼健、胡丹、何荣、张静玲、舒琳博等。

　　由于作者水平有限，书中错误、疏漏之处在所难免。在感谢您选择本书的同时，也希望您能够把对本书的意见和建议告诉我们。

　　读者服务邮箱为 luyubook@foxmail.com。

编　者

目录

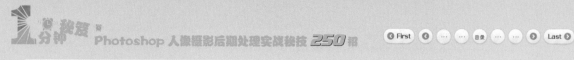

招式 040 提高照片颜色的鲜艳度 …… 55
招式 041 更改照片的颜色色调 …… 57
招式 042 快速调整人物肤色 …… 58
招式 043 提升人物与背景的层次感 …… 60
招式 044 制作双色调人物照片 …… 61
招式 045 设置褪色艺术照片 …… 62
招式 046 为黑白照片上色 …… 64
招式 047 替换人物服饰的颜色 …… 66
招式 048 替换帽子的颜色 …… 67
招式 049 快速应用模板颜色的色调 …… 69
招式 050 调整冷暖色调的照片 …… 70
招式 051 调整图像色调制作个人风格 …… 72
招式 052 打造 Lab 清透色调 …… 73
招式 053 调出淡雅的韩式色调 …… 74
招式 054 逆光效果的处理 …… 76
招式 055 秋色暖色调的处理技法 …… 77
招式 056 天空的处理 …… 79

第 4 章 打造时尚流行色调 …… 81

招式 057 快速调出奶白肌肤 …… 82
招式 058 粉嫩柔美色调 …… 83
招式 059 日式小清新 …… 85
招式 060 清新自然田园风 …… 87
招式 061 甜美的糖水片 …… 89
招式 062 经典别致的红与黑 …… 90
招式 063 时尚浓郁的欧美色调 …… 92
招式 064 怀旧的复古色调 …… 94
招式 065 打造 LOMO 风格 …… 96
招式 066 塑造黝黑的阳刚美 …… 97
招式 067 调整高饱和画意风格 …… 99
招式 068 打造金属质感肌肤 100

第 5 章 心灵之窗眼睛的修饰 …… 103

招式 069 与眼袋说再见：去除眼袋 …… 104
招式 070 再见，熊猫：消除黑眼圈 …… 105
招式 071 最特别的你：炫彩眼影 …… 107
招式 072 迷人大眼：使眼睛更有朝气 …… 109
招式 073 炯炯有神：创建眼神光 …… 111
招式 074 单眼皮的克星：速变立体双眼皮 …… 113
招式 075 轻松修炼电眼：锐化眼睛让人物更有活力 …… 114
招式 076 不做小白兔：消除眼球红血丝 … 115
招式 077 红眼不可怕：去除红眼 …… 117
招式 078 大眼不是梦：让眼睛变大 …… 118
招式 079 为眼睛添加多彩美瞳 …… 119
招式 080 哇，好浓密啊：增强睫毛效果 … 121
招式 081 异域风情：为睫毛添加彩色 …… 123
招式 082 眉形任我变：修出漂亮眉形 …… 125
招式 083 拥有帅气的眉毛：打造浓眉大眼 … 127
招式 084 睁眼看世界：将闭着的眼睛睁开 … 128

第 6 章 极致魅惑之唇部处理 …… 131

招式 085 不要歪嘴：打造漂亮嘴型 …… 132
招式 086 匹配你的脸型：打造樱桃小嘴 … 133

第 7 章　百变人像之发型的处理 ⋯⋯⋯⋯⋯⋯⋯ 149

第 8 章　完美塑形之鼻子与耳朵的修饰 ⋯⋯⋯⋯⋯ 164

第 9 章　完美无瑕之磨皮与美白 ⋯⋯⋯⋯⋯⋯⋯⋯ 179

第 14 章 为旧照换新颜 ·········· 282

第 15 章 照片的艺术处理和特效制作 ·········· 293

（本章内容通过扫二维码下载 PDF 文件学习）

第16章 解读 Camera Raw 滤镜 370
（本章内容通过扫二维码下载 PDF 文件学习）

第17章 人像照片的综合应用 392
（本章内容通过扫二维码下载 PDF 文件学习）

修正照片的倾斜和错位

第 1 章

在 Photoshop 中处理照片时，经常需要对照片进行裁剪和调整位置的操作，此时会用到裁剪和移动工具。本章主要讲解在处理人像照片时常用的修正照片倾斜和错位的技巧，通过这些技巧的讲解让我们处理照片达到事半功倍的效果。

★☆☆☆☆ 招式 001 按固定大小裁剪照片

Q 在实际工作当中，需要按固定的尺寸来裁剪照片，有没有一劳永逸的解决办法呢？

A 使用裁剪工具裁剪图像时，在裁剪工具选项栏中设置固定的大小和分辨率，就可以按设定的尺寸来裁剪照片了。

1. 设置标尺

❶ 打开本书配备资源中的"第 1 章\ 素材\ 招式 1\ 芦苇风景 .jpg"项目文件。❷ 选择"窗口"|"标尺"命令，显示标尺，将光标放在标尺上单击，在弹出的快捷键菜单中选择"英寸"命令。❸ 以英寸为单位显示图像。

2. 设置裁剪大小

❶ 将光标放在定界框中，选择工具箱中的 （裁剪工具），单击工具选项栏中的"选择预设长宽比和裁剪尺寸"按钮，在弹出的下拉菜单中选择"宽 x 高 x 分辨率"命令。❷ 设置宽、高文本框中的参数。❸ 将自动根据设置的参数重新定义裁剪框。

3. 裁减图像

❶ 将光标放在定界框中，当光标变为 形状时，单击鼠标可拖动裁剪框定义裁剪区域。❷ 按下 Enter 键或单击工具选项栏中的"提交当前裁剪操作"按钮 ，可以根据固定大小裁剪图像。

知识拓展

单击工具选项栏中的"设置其他裁切选项"按钮 ⚙，在弹出的下拉菜单中，❶ 选中"使用经典模式"复选框，在画面中创建裁剪框，移动或旋转裁剪时是裁剪框本身，而不是图像，并且没有裁剪预览。❷ 取消选中"使用经典模式"复选框，此时裁剪框会恢复为默认状态，在画面中绘制裁剪框后，移动或旋转即可拖动裁剪框，也可以旋转图像。

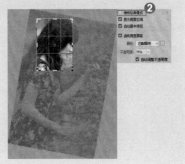

招式 002 通过裁剪命令裁剪图像

Q 在许多相册设计当中，会将照片的某个区域作为一个单独的素材来装饰相册，这种特定区域是怎样得到的呢？

A 可用矩形选框工具选择需要的区域,然后执行裁剪命令就可以得到特定的区域。

1. 建立裁剪选区

❶ 打开本书配备资源中的"第 1 章 \ 素材 \ 招式 2\ 照片 .jpg"项目文件。❷ 选择工具箱中的 ▣ (矩形选框工具)，在图片左侧绘制一个矩形选框。❸ 选择菜单栏中的"图像" | "裁剪"命令。

2. 拖曳素材

❶ 可以将选区以外的图像裁剪掉，只保留选区内的图像，按 Ctrl+D 快捷键取消选区。❷ 按 Ctrl+O 快捷键打开相册模板素材，将裁剪出来的特定区域拖曳至素材当中，在"图层"面板中将拖曳的照片放置在"矩形 3"图层上方。

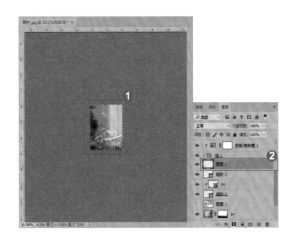

3. 创建剪贴蒙版

❶ 选择"图层"|"创建剪贴蒙版"命令或按 Ctrl+Alt+G 组合键, 将裁剪后的照片粘贴到矩形当中。❷ 按 Ctrl+T 快捷键显示定界框, 调整图像的大小。❸ 用相同方法, 在照片其他位置裁剪素材后, 将素材添加到相册模板当中, 完成图像的制作。

专家提示

如果在图像上裁剪的是圆形选区或多边形选区, 则裁剪后的图像仍为矩形。

知识拓展

单击"设置其他裁切选项"按钮 ⚙, ❶ 在其下拉菜单中选中屏蔽复选框后, 将要被裁剪的区域就会被"颜色"下拉列表框内设置的颜色屏蔽 (默认的颜色为黑色、不透明度为 75%); ❷ 取消选中屏蔽复选框, 则显示全部图像; ❸ 单击"颜色"下拉列表框右侧的颜色块, 打开拾色器调整屏蔽颜色。也可以在"不透明度"下拉列表框内调整屏蔽颜色的不透明度。

招式 **003** 将抠取人物保存为透明背景

Q 在保存素材时, 我想将抠取出来的人物保存为透明背景, 下次使用时更加省事, 有没有可操作的方法呢?

A 将抠选出来的人物, 通过裁切命令将多余的透明裁切掉, 然后将图像保存为 PNG 格式, 下次使用时就是透明背景。

1. 创建选区并移动

❶ 打开本书配备资源中的"第 1 章 \ 素材 \ 招式 3\ 跑步 .jpg"项目文件。❷ 单击工具箱中的 ▨ (磁性套索工具)，沿着人物拖动鼠标创建选区。❸ 按 Ctrl+J 快捷键复制选区的内容至新的图层中。

2. 裁切图片

❶ 隐藏"背景"图层，选择"图像"|"裁切"命令，打开"裁切"对话框。❷ 在弹出的对话框中选中"透明像素"单选按钮，并选中"裁切"选项组内的全部复选框，单击"确定"按钮，可将周围的透明背景裁掉。

3. 合成图像

❶ 按 Ctrl+Alt+S 组合键打开"另存为"对话框，设置保存的格式为 .png 格式。❷ 按 Ctrl+O 快捷键打开"打开"对话框，此时保存的素材为透明底。❸ 打开"背景 .jpg"、"跑步 .png"文件，将透明底的人物拖动至背景当中，合成图像。

专家提示

因为素材图像的四周都是透明色，所以无论选择何种方式，裁切模式都是基于透明像素。

知识拓展

在"裁切"对话框中，❶ 选中"透明像素"单选按钮可以删除图像边缘的透明区域，留下包含非透明像素的最小图像；❷ 选中"左上角像素颜色"单选按钮，可从图像中删除左上角像素颜色的区域；❸ 选中"右下角像素颜色"单选按钮，可从图像中删除右下角像素颜色的区域；"裁切"选项组用来设置修整的图像区域。

招式 004 校正倾斜照片

Q 在整理平时拍摄的照片时，发现有些照片拍摄的有些倾斜，有没有快速调整的方法呢？

A 使用标尺工具，将倾斜的照片根据检查出来的角度进行裁剪，可快速调整倾斜的照片。

1. 拖出测量线

❶ 打开本书配备资源中的"第1章\素材\招式4\照片.jpg"项目文件。❷ 按 I 键，选择工具箱中的 ✒ (吸管工具)，按 Shift+I 快捷键切换至 ▦ (标尺工具)。❸ 沿着照片地面线单击并向右拖动鼠标，拖出一条测量线。

2. 标尺测量角度

❶ 此时在工具选项栏中会显示 X、Y、W、H 和 A 等数值，其中 A 表示图像的倾斜角度。❷ 选择"图像"|"图像旋转"|"任意角度"命令，打开"旋转画布"对话框，在"角度"文本框中会自动显示所存在的倾斜角度。

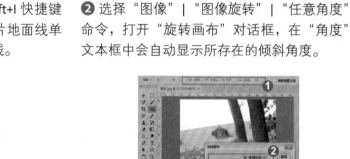

3. 旋转图片

❶ 单击"确定"按钮会根据倾斜角度自动校正照片。❷ 选择工具箱中的 ⌸ (裁剪工具)，拖动定界框中间的控制点，调整裁剪范围。❸ 按下 Enter 键或单击工具选项栏中的"提交当前裁剪操作"按钮 ✔，裁剪图像扶正倾斜的照片。

专家提示

在 Photoshop 中，可通过自由变换工具对倾斜的图像进行校正。对需要修正的照片执行"自由变换"命令，适当旋转其画面中的角度，完成后按下 Enter 键结束"自由变换"命令，结合裁剪工具对图像进行适当裁切，完成对图像的校正。

知识拓展

标尺工具作为常用的辅助工具，在实际工作中经常用来定位图像或元素位置，从而让用户更精确地处理图像。工具箱中的"标尺"工具是非常准确的测量工具，如果我们平时需要对设计图或是校正倾斜图像等进行准确定位时会常用到这一工具。

招式 005 将横幅照片快速转换为直幅

Q 我用手机拍摄的直幅照片导入电脑后变成横幅，这是什么原因导致的呢？在 Photoshop 中能快速将它转换为直幅吗？

A 因为电脑的屏幕是横面的，所以用手机竖着拍摄的照片导入电脑后就变成了横幅，在 Photoshop 中可以用旋转命令或自由变换命令将照片进行转换。

1. 利用图像旋转命令旋转图像

❶ 打开本书配备资源中的"第 1 章 \ 素材 \ 招式 5\ 室内人像 .jpg"项目文件。❷ 选择"图像" |"图像旋转" |"顺时针 90 度"命令。❸ 横幅照片快速调整为直幅照片。

2. 利用自由变换命令旋转图像

❶ 按 Ctrl+Z 快捷键将图像恢复为打开状态。❷ 双击"背景"图层，将"背景"图层转换为普通图层。❸ 选择"编辑" |"变换" |"顺时针 90 度"命令，旋转图像。

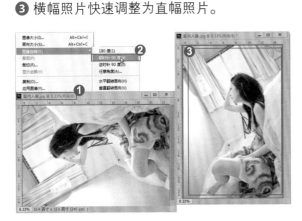

3. 利用图像变换命令旋转图像

观察图像发现，选择"变换"命令进行旋转时旋转的是图像本身，而不是画布。❶选择工具箱中的 ⊄ （裁剪工具），根据图像本身拖动定界框，定位裁剪范围。❷单击"确定"按钮，根据裁剪范围裁剪图像。

知识拓展

在"图像"|"图像旋转"菜单下提供了一个"任意角度"命令，该命令主要用来以任意角度旋转画布。选择"任意角度"命令，系统会弹出"旋转画布"对话框，在该对话框中可以设置旋转的角度和旋转方式（顺时针和逆时针）。

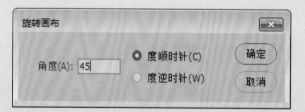

招式 006 通过裁剪调整倾斜照片

Q 在调整倾斜照片的操作过程当中，除了使用标尺工具进行调整外，还有没有其他的操作方法调整倾斜的照片呢？

A 可以旋转裁剪框，重新定义范围来调整倾斜的照片。

1. 旋转图像 --------------------------

❶ 打开本书配备资源中的"第1章\素材\招式6\路边美女.jpg"项目文件。❷ 选择工具箱中的 ┗┓ (裁剪工具)，此时图像会显示出定界框。❸ 将光标放在裁剪框外侧，当光标变为 ⟲ 形状时，拖动鼠标旋转图像。

2. 扶正倾斜的照片 --------------------------

❶ 将光标放在裁剪框内，当鼠标变为 ▶ 形状时，拖动鼠标即可移动图像位置。❷ 按 Enter 键或单击工具选项栏中的"提交当前裁剪操作"按钮 ✓，裁剪图像扶正倾斜的照片。

知识拓展

　　选择工具箱中的 ┗┓ (裁剪工具)，在其工具选项栏中，单击"设置裁剪工具的叠加选项"按钮 ⊞，可以打开一系列参考线选项，能够帮助我们进行合理构图，使画面更加艺术、美观。例如：选择"三等分"命令能够帮助我们以 1/3 增量放置组成元素；选择"网格"命令可根据裁剪大小显示具有间距的固定参考线。

★☆☆☆☆

招式 **007** 自动裁剪多张照片

Q 老照片不像现在的数码照片可以直接在电脑上显示底片，用 Photoshop 处理前需要通过扫描仪将它们扫描到电脑中，那如果将多张照片扫描到一个文件中，该如何将这些照片进行分离呢？

A 将多张照片扫描到一个文件中，可以用"裁剪并修齐照片"命令自动将各个图像裁剪为单独的文件。

1. 自动裁剪

❶ 打开本书配备资源中的"第1章\素材\招式7\扫描照片.jpg"项目文件。❷ 选择"文件"|"自动"|"裁剪并修齐照片"命令。

2. 裁剪为单个文件

Photoshop 会将各个照片分离为单独的文件，选择"文件"|"存储为"命令，将裁剪后的文件分别保存。

 专家提示

选择"文件"|"自动"|"限制图像"命令，在弹出的"限制图像"对话框中可以改变照片的像素，将其限制为指定的宽度和高度，但不会改变分辨率。在"限制图像"对话框中可以指定图像的"宽度"和"高度"的像素值。

招式 008 校正变形的照片

Q 拍摄照片时，由于相机镜头缺陷或者拍摄角度的原因，会导致照片出现变形、桶形失真等问题，那如何使用 Photoshop 来校正这些问题呢？

A Photoshop 的增效工具"Camera Raw 滤镜"中新增加了"变换工具"，根据变形类型选择合适的校正选项就可以校正变形的图像。

1. 选择变换工具

❶ 打开本书配备资源中的"第1章\素材\招式8\人像.jpg"项目文件。❷ 选择"滤镜"|"Camera Raw 滤镜"命令，或按Ctrl+Alt+A 组合键打开"Camera Raw 滤镜"对话框。❸ 选择工具栏中的 （变换工具），或按 Shift+T 快捷键显示变换界面。

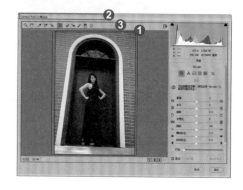

2. 选择调整模式

❶ 右侧的参数栏中显示了五种调整模式，选中"网格"复选框，显示网格。❷ 单击"自动：应用平衡透视校正"按钮 A，可以校正图像的透视变形。❸ 单击"水平：仅应用于水平校正"按钮，可以校正图像的水平透视变形。

3. 继续进行调整模式的选择

❶ 单击"纵向：应用水平和纵向透视校正"按钮，可以从水平和纵向方向上校正图像的透视变形。❷ 单击"指导：绘制两条或更多的参考线，以自定义校正透视"按钮，可以随意绘制参考线，通过绘制的参考线校正透视图像。

4. 选择自动裁剪

❶ 单击"完全：应用水平、横向和纵向透视校正"按钮，校正透视变形图像。❷ 单击"确定"按钮关闭对话框，选择工具箱中的（裁剪工具），裁剪多余的图像。

知识拓展

该工具为 Camer Raw 滤镜的新增工具，在 Photoshop CC 2015 版本中都没有该工具，如果要校正变形的图像需要在"镜头校正"选项中进行设置。

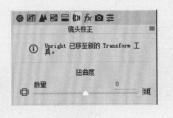

招式 009 为无边框照片添加单色边框

Q Photoshop 处理图像时，会添加红色或是白色单色边框来装饰图像，这些单色边框是如何添加的呢？

A 单色边框的添加方法很多，常见的有扩展画布来添加、利用运算选区添加、绘制形状添加边框等。

1. 画布大小添加单色边框

❶ 打开本书配备资源中的"第1章\素材\招式9\秋意浓.jpg"项目文件。❷ 选择"图像"|"画布大小"命令，在弹出的"画布大小"对话框中设置相应参数。❸ 单击"确定"按钮关闭对话框，此时图像会根据设置的画布大小进行扩展。

2. 减去多余选区

❶ 按 Ctrl+Z 快捷键返回图像打开状态，选择工具箱中的 ▭（矩形选框工具），拖动鼠标在图像中创建选区。❷ 单击工具选项栏中的"从选区减去"按钮 ▣，在画面中拖动鼠标，创建减选的选区。

3. 形状工具添加单色边框

❶ 单击"图层"面板底部的"创建新图层"按钮 ▫，新建图层，填充白色，取消选区，利用选区运算添加单色边框。❷ 删除"图层1"，选择工具箱中的 ▭（矩形选框工具），设置工具选项栏中的"工作模式"为"形状"、"填充"为无、"描边"为白色、"描边宽度"为25px。❸ 沿着图像边缘绘制矩形路径，此时会显示出有描边无填充的单色边框。

4. 描边命令添加单色边框

❶ 删除形状图层，选择工具箱中的 ▭（矩形选框工具），在画面中创建选区。❷ 选择"编辑"|"描边"命令，在弹出的"描边"对话框中设置"描边宽度"为25像素、"描边颜色"为白色、"描边位置"在内部。❸ 单击"确定"按钮关闭对话框，此时会根据设置的"描边"参数进行描边。

知识拓展

在"画布大小"对话框中，❶ 选中"相对"复选框，"宽度"和"高度"文本框中的数值将代表实际增加或减少区域的大小，而不再代表整个文档的大小，此时输入正值表示增加画布，输入负值则表示减小画布。❷ 在"定位"选项区中，单击不同的方格，可以指示当前图像在新画布上的位置。

★★ 招式 010 擦除图像制作不规则边框

 **Q** 邮票有很大的收藏价值，其不规则的边框有着鲜明的识别度，在 Photoshop 当中我是否可以将自己的照片制作成邮票效果？

A 在 Photoshop 中利用橡皮擦工具就可以将自己的照片制作成邮票效果。

1. 添加画布

❶ 打开本书配备资源中的"第 1 章 \ 素材 \ 招式 10 \ 人像 .jpg"项目文件。❷ 选择"图像"|"画布大小"命令或按 Ctrl+Alt+C 组合键，打开"画布大小"对话框，在对话框中设置"宽度"与"高度"均为 100 像素。❸ 单击"确定"按钮关闭对话框，为图像的上下左右各添加 50px 的白色画布。

2. 调整画布大小

❶ 按 Ctrl+J 快捷键复制背景图层，选择"背景"图层并填充黑色。❷ 选择"图像"|"画布大小"命令或按 Ctrl+Alt+C 组合键，打开"画布大小"对话框。在对话框中设置"宽度"与"高度"均为 150 像素。❸ 单击"确定"按钮关闭对话框，为图像的上下左右各添加 150px 的黑色画布。

3. 设置橡皮擦工具

❶ 选择工具箱中的 ▱ (橡皮擦工具)，打开"画笔预设"面板，设置"画笔大小"为 50px，"画笔间距"为 130%。❷ 按住 Ctrl 键单击"背景拷贝"图层，载入选区，切换至"路径"面板，单击"面板"底部的"从选区生成工作路径"按钮 ◇，生成工作路径。❸ 单击"用画笔描边路径"按钮 ○，用设置的橡皮擦进行描边处理。

4. 添加投影及文字

❶ 设置前景色为灰色 (#939090)，填充前景色。❷ 双击"背景拷贝"图层，打开"图层样式"对话框，设置"投影"样式的参数，为邮票添加投影效果。❸ 选择工具箱中的 T. (横排文字工具)，在图像上输入文字，制作邮票的面值。

知识拓展

擦除工具用来擦除图像。Photoshop 中包含三种类型的擦除工具：橡皮擦、背景橡皮擦和魔术橡皮擦。使用"橡皮擦"工具擦除图像时：❶ 如果处理的是"背景"图层或锁定了透明区域（按下"图层"面板中的按钮）的图层，涂抹区域会显示为背景色。❷ 处理其他图层时，可擦除涂抹区域的像素。❸ 使用"背景橡皮擦"工具和"魔术橡皮擦"工具擦除图像时可去除图像的背景，多用于抠图处理。

★★★★★ 招式 011 通过边界制作照片边框

Q 在前面的实例中讲解了利用选区运算制作单色边框、利用形状工具制作单色边框等，另外还有没有更简单的方法制作边框呢？

A 利用"边界"命令可以向内部和外部扩展，扩展后的边界与原来的边界形成新的选区，再填上相应的颜色就可以制作照片边框了。

1. 打开素材建立选区

❶ 打开本书配备资源中的"第 1 章 \ 素材 \ 招式 11\ 人像 .jpg"项目文件。❷ 选择工具箱中的 □ (矩形选框工具)，拖动鼠标创建选区。❸ 选择"选择" | "修改" | "边界"命令，在弹出的"边界选区"对话框中设置"宽度"参数。

2. 修改边界

❶ 单击"确定"按钮关闭对话框，扩展边界形成新的选区。❷ 选择"编辑"|"填充"命令，或按 Shift+F5 快捷键，打开"填充"对话框，在"内容"下拉列表框中选择"图案"选项，并选择合适的图案样式。

3. 制作图案边框

单击"确定"按钮即可通过边界制作图案边框。

知识拓展

当创建的选区较小而羽化半径设置得较大时，就会弹出一个羽化的警告框。单击"确定"按钮表示确认当前设置的羽化半径，这时选区可能变得非常模糊，以至于在画面中看不到，但是选区仍然存在。如果不想出现该警告框，应减小羽化半径或增大选区的范围。

★☆☆☆☆
招式 012 将照片放大的技巧

Q 我们编辑的图像经常会被制作成电脑桌面、个性化 QQ 头像，传输到网络、用于打印等，但是将图像的像素放大时，图像上会出现许多杂点，如何避免这个问题呢？

A 使用"图像大小"放大图像时，在"重新采样"下拉列表框中选择合适的选项就可以了。

1. 打开素材建立选区

❶ 打开本书配备资源中的"第1章\素材\招式12\室外人像.jpg"项目文件。选择"图像"|"图像大小"命令或按Ctrl+Alt+I组合键，打开"图像大小"对话框。❷ 单击"尺寸"选项后的"选择尺寸显示单位"按钮，在弹出的下拉菜单中可以设置该文件的显示尺寸。

2. 淡化杂点

❶ 更改"宽度"和"高度"文本框中的尺寸参数。❷ 拖动预览框中的图像，发现图像肌肤上存在着杂点，画面质量明显下降。❸ 在"重新采样"下拉列表框中选择"保留细节(扩大)"选项，拖动"减少杂色"滑块，此时观察图像，发现画面中的杂点明显淡化。

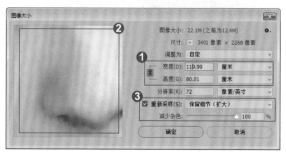

专家提示

如果在"图像大小"对话框中选中"宽度"与"高度"中的链接图标，那么修改"宽度"与"高度"文本框中任意一个参数值，另外一个参数值也会跟着发生相应的变化。

知识拓展

"画布大小"命令和"图像大小"命令都是用来设置图像大小的命令，这两个命令有何区别呢？

"画布大小"和"图像大小"有着本质的区别。画布大小是指工作区域的大小，它包含图像和空白区域；图像大小指的是图像的像素大小、打印尺寸和分辨率，修改像素大小不仅会影响图像在屏幕上的视觉大小，还会影响图像的品质及其打印特性，同时也决定了其占用多大的存储空间。

2

第 2 章

修复照片瑕疵

　　拍摄时受天气、光线、场景等限制，照片难免会出现一些问题，运用 Photoshop CC 2017 强大的修复功能即可对有缺陷的照片进行修复，使这些照片中的小问题不再困扰我们。本章将从一些常见的瑕疵入手，通过简捷的方法对人像照片进行基本的修饰，通过本章的学习，让您轻松步入人像照片处理的神奇之旅。

★★★★★ 招式 **013** 清除镜面反光点

 **Q** 在光线强烈的白天，往往会戴着墨镜拍照，但是墨镜镜片上会出现反光点，怎样去除镜片上的反光点呢？

A 如果镜片上有色差，先去除色差，再利用仿制图章工具去除镜片上的反光点。

1. 打开图像素材

❶ 打开本书配备资源中的"第1章\素材\招式13\人物.jpg"项目文件。❷ 按 Ctrl+J 快捷键拷贝"背景"图层，得到"图层1"图层。❸ 选择工具箱中的 ✎ (污点修复画笔工具)，设置工具选项栏中的"模式"为"颜色"、"类型"为"内容识别"。

2. 去除镜片边缘色差

❶ 按 Ctrl++ 快捷键放大图像至眼镜位置，使用污点修复画笔工具在太阳镜边框涂抹，去除太阳镜边缘的色差。❷ 选择工具箱中的 ⛭ (仿制图章工具)，设置工具选项栏中的"模式"为"颜色"，按住 Alt 键在太阳镜镜片中单击取样，再释放 Alt 键在反光区域涂抹，去除镜片上的反光点。

3. 绘制路径

❶ 继续使用仿制图章工具去除太阳镜镜片上白色的反光点。❷ 选择工具箱中的 ✒ (钢笔工具)，设置工具选项栏中的"工具模式"为路径，在镜片上创建路径，按 Ctrl+Enter 快捷键将路径转换为选区，设置"羽化半径"为3像素。❸ 选择工具箱中的 ▭ (渐变工具)，打开"渐变编辑器"对话框，设置深紫色 (#411d25) 到皮肤色 (#bb968e) 的渐变。

4. 填充渐变

❶ 单击"线性渐变"按钮，新建图层，在选区内从上往下拖动鼠标填充线性渐变，设置图层的"不透明度"为 68%。❷ 单击图层面板底部的"新建新的填充或调整图层"按钮，创建"色阶"调整图层，拖动"色阶"两端的滑块，增强渐变图层的对比度。❸ 选择新建的图层，单击"添加图层蒙版"按钮，为该图层添加蒙版，选择工具箱中的（画笔工具），用黑色画笔涂抹部分渐变，显示眼睛区域。

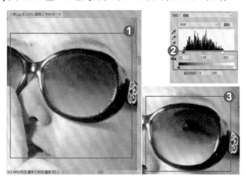

5. 去除反光点

用相同方法，给另一半的太阳镜镜片添加渐变，调整对比度，去除镜片上的反光点。

知识拓展

使用仿制图章工具或修复画笔工具时，可以通过"仿制源"面板设置不同的样本源、显示样本源的叠加，以帮助我们在特定位置仿制源。此外，它还可以缩放或旋转样本源，以便我们更好地匹配目标的大小和方向。

★★☆☆☆ 招式 014 去除照片背景中的杂物

Q 在室外进行拍摄时，有太多不可控的因素影响着照片的质量，其中杂乱的背景是最烦恼的事了，那么在 Photoshop 中能去除杂乱的背景吗？

A 如果背景中只有个别杂乱的背景，可用修补工具进行去除，若是杂乱的背景特别多，最好换个自然的背景。

1. 设置修补选项

❶打开本书配备资源中的"第2章\素材\招式14\闺蜜.jpg"项目文件。❷按Ctrl+J快捷键拷贝"背景"图层，得到"图层1"图层。❸选择工具箱中的 ▣ (修补工具)，设置工具选项栏中的"修补"为"源"，在人物旁边的葵花杂物上单击并拖动鼠标创建选区，将提示牌选中。

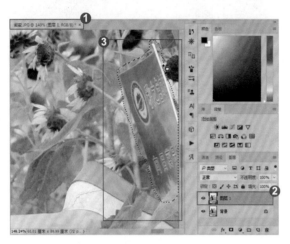

2. 修补杂物

❶将光标放在选区内，当光标变为 ▷➛ 形状时，单击并向左拖动选区，松开鼠标会用当前选区中的图像修补原来选中的图像。❷按Ctrl+D快捷键取消选区。选择"文件" | "置入嵌入的智能对象"命令，在弹出的"置入嵌入对象"对话框中，置入"蓝天"素材，按住Alt+Shift快捷键的同时拖动定界框四周的控制点，等比例放大图像。

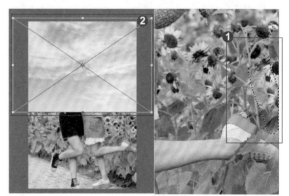

3. 创建选区

❶按Enter键确认变形，单击该图层中的眼睛图标，隐藏该图层。❷选择"图层1"，选择工具箱中的 ✦ (魔棒工具)，单击工具选项栏中的"添加到选区"按钮 ▣，在图像背景上单击，创建选区。

4. 替换背景

❶显示并选中"蓝天"图层。单击"图层"面板底部的"添加图层蒙版"按钮 ▣，添加图层蒙版，选区内的图像被隐藏。❷选择工具箱中的 ✎ (画笔工具)，设置前景色为白色，适当降低画笔的不透明度，在选区的边缘涂抹，融合背景。

 知识拓展

❶ 当魔棒工具选项栏中的"容差"值较低时，只能选择与单击点像素非常相似的少数颜色；❷ 该"容差"数值较高时，对像素相似程度的要求就越低，因此，选择的范围就越广。在图像的同一位置单击，设置不同的容差值所选择的区域也不一样。

专家提示

使用魔棒工具时，按住 Shift 键单击可添加选区；按住 Alt 键单击可在当前选区中减去选区；按住 Shift+Alt 快捷键单击可得到与当前选区相交的选区。

 015 去除照片中的多余人物

Ⓠ 拍摄外景照片时，往往会将多余的人物拍摄进来，有什么方法可快速去除照片中多余的人物呢？

Ⓐ 利用修复画笔工具，在周围环境上取样，可以快速去除照片中的人物、污点和划痕等。

1. 设置修复画笔参数

❶ 打开本书配备资源中的"第 2 章 \ 素材 \ 招式 15\ 人物 .jpg"项目文件。❷ 单击工具箱中的 (缩放工具)，在图像背景中人物上单击，放大该区域。❸ 选择工具箱中的 ✎ (修复画笔工具)，在工具选项栏中选择一个柔角笔尖，设置"模式"为"替换"、"源"为"取样"。

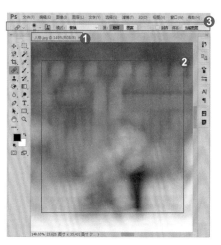

2. 修复太阳伞

❶ 按 Ctrl+J 快捷键拷贝"背景"图层，得到"图层 1"图层。❷ 将光标放在没有人物的背景上，按住 Alt 键单击进行取样。❸ 释放 Alt 键，在红色的太阳伞处单击并拖动鼠标进行修复。

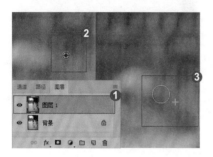

3. 去除多余人物

继续按住 Alt 键在红色太阳伞周围铁栅栏上单击取样，修复红色的太阳伞及多余的人物。在修复的过程中需按照铁栅栏的走向进行修复。

 知识拓展

在"修复画笔"工具选项栏中，在"模式"下拉列表框中可以设置修复图像的混合模式。"替换"模式比较特殊，它可以保留画笔描边的边缘处的杂色、胶片颗粒和纹理，使修复效果更加真实。

 专家提示

在修复的过程中可单击"["或"]"键放大或缩小画笔的大小。

 招式 016 去除画面中的多余部分

Q 在拍摄的照片当中，发现画面中背景有缺失或是背景有多余的背景该怎么办呢？

A 如果有多余的背景可以用裁剪工具将其裁剪掉，但这样会破坏摄影师的构图，最好是将其进行修补。

1. 显示裁剪框

❶ 打开本书配备资源中的"第2章\素材\招式16\棚拍.jpg"项目文件。❷ 按 Ctrl+J 快捷键拷贝"背景"图层，得到"图层1"图层。❸ 选择工具箱中的 （裁剪工具），图像上显示出裁剪框。

2. 设置裁剪框范围

❶ 将光标放在裁剪框的四周，当光标变为 ↕ 形状时，拖动裁剪框至背景多余部分。
❷ 按下 Enter 键或单击工具选项中的"提交当前裁剪"按钮 ✓，即可将多余的背景裁减掉。

3. 创建选区

❶ 按 Ctrl+Z 快捷键返回上一步操作。选择工具箱中的 ⬚（多边形套索工具），在背景多余区域创建选区。❷ 将光标放在选区内，当光标变为 ▶ 形状时，单击并移动选区位置。
❸ 按住 Ctrl+Alt 快捷键的同时，复制选区并移动选区至多余的背景上。

4. 融合背景

❶ 按 Ctrl+D 快捷键修补多余的背景，用相同方法，去除另外多余的背景。❷ 选择工具箱中的 ⬚（污点修复画笔工具），在边缘处涂抹，使边缘结合处融合自然。

知识拓展

　　使用套索工具 ⬚ 创建选区时，按住 Alt 键单击并拖动鼠标，可以切换为多边形套索工具 ⬚，此时使用鼠标可徒手绘制选区；释放 Alt 键可恢复为套索工具 ⬚。

★★☆☆☆ 招式 017 虚化背景来突出人物

Q 在摄影照片中经常会看到背景模糊、主体清晰的拍摄风格，这种风格除了掌握相应的摄影技巧，可不可以用 Photoshop 来进行调整呢？

A 在 Photoshop 当中保持主体不变，模糊背景就可以制作这种景深的摄影风格。

1. 创建选区

❶ 打开本书配备资源中的"第 2 章 \ 素材 \ 招式 17\ 室外人像 .jpg"项目文件。❷ 按 Ctrl+J 快捷键拷贝"背景"图层，得到"图层 1"图层。❸ 选择工具箱中的 （磁性套索工具），沿着人物边缘拖动鼠标，创建选区。

2. 细化头发选区

❶ 单击工具选项栏中的"选择并遮住"按钮，进入"选择并遮住"编辑模式，在右侧工具栏中选择 （调整边缘画笔工具），在人物飘扬的头发上涂抹。❷ 单击"确定"按钮关闭对话框，细化头发选区。

3. 查看虚化范围

❶ 按 Ctrl+Shift+I 组合键反选选区，按 Q 键进入快速蒙版编辑状态。❷ 选择工具箱中的 （渐变工具），设置工具选项栏中的"模式"为"线性加深"，其他参数保持不变。❸ 单击"线性渐变"按钮 □，从图像的底部往上拖动鼠标，填充渐变，查看需要虚化的范围。

专家提示

用白色涂抹快速蒙版时，被涂抹的区域会显示出图像，这样可以扩大选区；用黑色涂抹的区域会覆盖一层透明的宝石红色，这样可以收缩选区；用灰色涂抹的区域可以得到羽化的选区。

4. 镜头模糊背景

❶ 按 Q 键退出快速蒙版状态，自动选中需要虚化的区域。❷ 选择"滤镜"|"模糊"|"镜头模糊"命令，弹出"镜头模糊"对话框，设置参数。❸ 单击"确定"按钮关闭对话框，按 Ctrl+D 快捷键，可查看模拟景深的拍摄风格。

 知识拓展

创建选区后，双击工具箱中的"以快速蒙版模式编辑"按钮 ◌，❶ 可以打开"快速蒙版选项"对话框。❷ 如果将"色彩指示"设置为"所选区域"，则选中的区域将被蒙版颜色覆盖，未被选择的区域显示为图像本身的效果。❸ 将"色彩指示"设置为"被蒙版区域"后，选区之外的图像被蒙版颜色覆盖，而选中的区域完全显示图像。

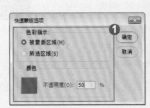

招式 018 为人物添加聚光灯效果

Q 聚光灯让人物变得炫彩夺目，在 Photoshop 中可不可以为人物添加聚光灯效果呢？

A 在 Photoshop 中可以利用中性色图层来添加聚光灯效果，且不会破坏其他图层上的像素。

1. 创建中性色图层

❶ 打开本书配备资源中的"第 2 章\素材\招式 18\芭蕾舞者.jpg"项目文件。❷ 按住 Alt 键单击"创建新图层"按钮 ◙，打开"新建图层"对话框，在"模式"下拉列表框中选择"叠加"选项，选中"填充叠加中性色"复选框。❸ 创建一个中性色图层。

2. 扩大照射范围

❶ 选择"滤镜"|"渲染"|"光照效果"命令，打开"光照效果"对话框，在"预设"下拉列表框中选择"RGB 光"选项。❷ 选择绿色光源，拖动控制点，扩大光源的照射范围。❸ 采用同样的方法调整红色光源和蓝色光源的照射范围。

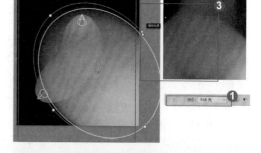

3. 还原部分图像

❶ 单击"确定"按钮关闭对话框，可以在中性色图层上应用滤镜。❷ 单击"图层"面板底部的"添加图层蒙版"按钮▣，添加一个图层蒙版。选择工具箱中的 ✎（画笔工具），适当降低画笔的不透明度，用黑色的画笔涂抹聚灯光效果，还原部分图像。

知识拓展

在 Photoshop 中，黑色、白色和 50% 的灰色是中性色。创建中性色图层时，Photoshop 会用这 3 种中性色的一种来填充图层，并为其设置特定的混合模式。在混合模式的作用下，图层的中性色不可见，就像我们新建的透明图层一样。如果不应用效果，中性色图层不会对其他图层产生任何影响。

★★★★★ 招式 **019** 让动态的模糊人物变得清晰

Q 在拍摄图像时，由于相机有轻微的波动，导致拍摄出来的照片有些模糊，可以让模糊的照片变清晰吗？

A Photoshop CC 版本中新增了"防抖"命令，可以快速轻松地处理因相机抖动而引起的照片模糊。

1. 确定模糊评估区域

打开本书配备资源中的"第 2 章 \ 素材 \ 招式 19\ 游玩 .jpg"项目文件，❶ 按 Ctrl+J 快捷键拷贝"背景"图层，得到"图层 1"图层。❷ 选择"滤镜"|"锐化"|"防抖"命令，打开"防抖"对话框。❸ 展开"高级"窗格，在画面中确定模糊评估区域。

2. 添加模糊评估区域

❶ 此时右侧"高级"选项区中会自动根据模糊评估区域进行计算,去除模糊区域。❷继续使用"模糊评估"工具 🔲,在人物脸部创建模糊评估区域。❸"高级"选项区中会增加模糊评估区域并对其进行计算。

3. 模糊图像

❶ 单击"确定"按钮关闭对话框。按 Ctrl+J 快捷键再次拷贝图层,切换至"通道"面板,选择并拷贝"红"通道。❷选择"滤镜"|"滤镜库"|"照亮边缘"命令,打开"照亮边缘"对话框,设置边缘宽度、边缘亮度及平滑度的参数。❸单击"确定"按钮关闭对话框。选择"滤镜"|"模糊"|"高斯模糊"命令,在"高斯模糊"对话框中输入"半径"为 1.5 像素。

4. 载入选区

❶ 单击"确定"按钮关闭对话框。选择"图像"|"调整"|"色阶"命令或按 Ctrl+L 快捷键,打开"色阶"对话框,输入相关的数值。❷ 单击"通道"面板的 RGB 通道中的"指示通道可见性"图标 👁,隐藏"红 拷贝"通道。按住 Ctrl 键单击该通道的通道缩览图,载入选区。❸ 按 Ctrl+J 快捷键,拷贝选区内的内容到新的图层中。

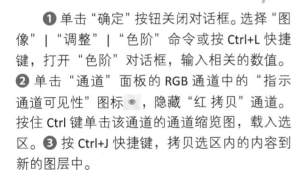

5. 锐化人物图像

❶ 选择"滤镜"|"滤镜库"|"艺术效果"|"绘画涂抹"命令,弹出"绘画涂抹"对话框,设置相关的参数。❷ 单击"确定"按钮关闭对话框。按 Ctrl+Shift+Alt+E 组合键盖印图层,选择"滤镜"|"锐化"|"USM 锐化"命令,在弹出的"USM 锐化"对话框中设置相关参数。❸ 单击"确定"按钮关闭对话框,锐化人物。

知识拓展

　　"模糊临摹边界"可视为整个处理的最基础锐化，即由它先勾出大体轮廓，再由其他参数辅助修正。取值范围从 10 ～ 199，数值越大，锐化效果越明显。当该参数取值较高时，图像边缘的对比会明显加深，并会产生一定的晕影，这是很明显的锐化效应。因此在取值时，除了要保证画面足够清晰外，还要尽可能地照顾到不产生明显晕影才行。剩下的具体微调可以随意拖动滑块，在左侧窗口中可以看到渲染的最终效果。

★★☆☆☆
招式 020 转换为黑白背景

Q 处理照片时，我只想将背景处理为黑白色，人物保持局部色彩，该如何操作呢？

A 将图像进行去色后，利用"历史记录画笔"工具还原局部色彩即可。

1. 转换为黑白图像

❶ 打开本书配备资源中的"第 2 章\素材\招式 20\ 气质女人 .jpg"项目文件。按 Ctrl+J 快捷键拷贝"背景"图层，得到"图层 1"图层。❷ 选择"图像"|"调整"|"黑白"命令，或按 Ctrl+Shift+Alt+B 组合键，打开"黑白"对话框，在"预设"下拉列表框中选择"较亮"选项。

2. 还原衣服色彩

❶ 单击"确定"按钮关闭对话框，将图像转换为黑白图像。❷ 选择"窗口"|"历史记录"命令，打开"历史记录"面板，将"历史记录画笔的源"设置为"打开"。❸ 选择工具箱中的 （历史记录画笔工具），在人物衣服上涂抹，还原衣服色彩。

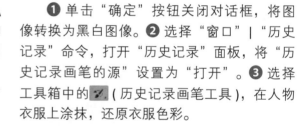

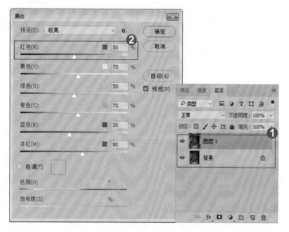

知识拓展

❶当我们单击"历史记录"面板中的一个操作步骤来还原图像时，该步骤以下的操作将全部变暗；❷如果此时进行其他操作，则该步骤后面的记录会被新的操作替代；❸单击"历史记录"面板菜单中的"历史记录选项"命令，将打开"历史记录选项"对话框，选中"允许非线性历史记录"复选框，即可将历史记录设置为非线性状态；❹非线性历史记录允许我们在更改选择的状态时保留后面的操作。

招式 021 突出照片主体

Q 突出照片主体，是摄影中常见的拍摄手法，通过前期合理的构图、虚化背景、简化画面等方法都可以实现主体的突出，那 Photoshop 中有什么方法可以让照片的主体更加突出呢？

A 在 Photoshop 中可以利用"滤镜"菜单中的"模糊画廊"这个新增命令，制作出各种各样突出主体的照片。

1. 打开模糊工具面板

❶打开本书配备资源中的"第 2 章\素材\招式 21\室外写真 .jpg"项目文件。❷按 Ctrl+J 快捷键拷贝"背景"图层，得到"图层 1"图层。❸选择"滤镜"|"模糊画廊"|"光圈模糊"命令，打开"模糊工具"面板。

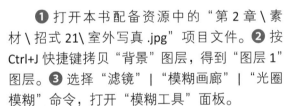

2. 设置模糊范围

❶此时在图像上自动生成一个模糊光圈。❷拖动模糊光圈内的白色小圆，可以调整模糊范围。❸拖动模糊光圈线上的小圆可以旋转和缩放模糊光圈。

3. 模糊背景突出主体

❶ 往外拖动模糊光圈线上的小方形，可以调整模糊光圈的方向。❷ 在"效果"面板中设置"光源散景"为 14%、"散景颜色"为 9%。❸ 调整模糊光圈的模糊范围，模糊周围背景突出人物主体。

 知识拓展

　　模糊画廊滤镜包含场景模糊、光圈模糊、移轴模糊、路径模糊、旋转模糊 5 种滤镜，它们可以根据场景、光圈、移轴、路径、旋转方式模糊图像，使图像产生柔和、平滑过渡的效果。

招式 022 清除照片中的日期

Q 在整理照片时，发现有的照片中有日期存在，这是怎么回事呢？那后期处理时可不可以快速去除照片中的日期呢？

A 照片中有日期的存在那是在相机中启动了日期拍摄模式，就会显示拍摄时的日期时间，在后期处理中可以利用仿制图章工具快速去除照片中的日期。

1. 打开素材图像

❶ 打开本书配备资源中的"第 2 章\素材\招式 22\照片.jpg"项目文件。❷ 按 Ctrl+J 快捷键拷贝"背景"图层，得到"图层 1"图层。❸ 选择工具箱中的 （仿制图章工具），在工具选项栏中选择一种柔角笔尖。

2. 去除照片中日期

❶ 将光标放在右下方树叶上，光标十字中心应对准树叶的边缘，按住 Alt 键单击进行取样。❷ 释放 Alt 键在下方的日期上涂抹，可将复制的图像应用到当前位置。❸ 采用同样的方法复制图像，直到将日期全部覆盖。

知识拓展

　　使用仿制图章工具时，❶ 按住 Alt 键在图像中单击，定义要复制的内容（称为"取样"），然后将光标放在其他位置，放开 Alt 键拖动鼠标，即可将复制的图像应用到当前位置。❷ 与此同时，画面中会出现一个圆形光标和一个十字形光标，圆形光标是我们正在涂抹的区域，而该区域的内容则是从十字形光标所在位置的图像上拷贝的。在操作时，两个光标始终保持相同的距离，我们只要观察十字形光标位置的图像，便知道将要涂抹出什么样的图像内容。

招式 023　清除照片中的路灯

　　Q　路灯有时可以作为拍摄道具使用，但有时却是杂物，影响照片的整体美观，Photoshop 可以快速清除照片中的路灯吗？

　　A　可以利用污点修复画笔工具将路灯快速去掉，并不破坏周围的图像。

1. 设置参数

　　❶ 打开本书配备资源中的"第 2 章 \ 素材 \ 招式 23\ 公园人像 .jpg"项目文件。按 Ctrl+J 快捷键拷贝"背景"图层，得到"图层 1"图层。❷ 选择工具箱中的 ![] (污点修复画笔工具)，在工具选项栏中选择一个柔角笔尖，设置"类型"为"内容识别"。

2. 清除路灯

　　❶ 将光标放在图像路灯上。❷ 单击即可修复图像。❸ 采用同样的方法清除其他路灯。

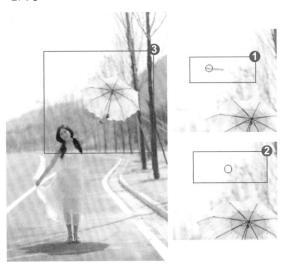

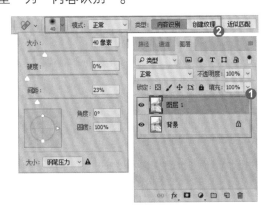

知识拓展

使用污点修复画笔工具去除多余图像时，选择"近似匹配"选项，可以使用选区边缘周围的像素来查找要用作选定区域修补的图像区域，如果该选项的修复效果不能令人满意，可还原修复并尝试"创建纹理"选项；选择"创建纹理"选项，可以使用选区中的所有像素创建一个用于修复该区域的纹理，如果纹理不起作用，可以再次尝试拖过该区域；选择"内容识别"选项，可使用选区周围的像素进行修复。

★★☆☆☆ 招式 024 清除照片中的垃圾桶

 **Q** 照片中的垃圾桶不仅让图片失去美感，也体现出摄影师的专业程度，那如何清除这些大煞风景的垃圾桶呢？

A 利用修复画笔工具从被修饰区域的周围取样，并将样本的纹理、光照、透明度和阴影等与所修复的像素相匹配。

1. 设置参数

❶ 打开本书配备资源中的"第 2 章 \ 素材 \ 招式 24 \ 照片 .jpg"项目文件。按 Ctrl+J 快捷键拷贝"背景"图层，得到"图层 1"图层。❷ 选择工具箱中的 （修复画笔工具），在工具选项栏中选择一个柔角笔刷，设置"模式"为"替换"、"源"为"取样"。

2. 清除垃圾桶

❶ 将光标放在垃圾桶旁的背景上，按住 Alt 键单击进行取样。❷ 放开 Alt 键，在垃圾桶处单击并拖动鼠标进行修复。❸ 采用同样的操作方法，将垃圾桶其他部分进行修复。

知识拓展

在"修复画笔工具"选项栏中，"源"用来设置修复像素的来源。❶选择"取样"选项可以直接在图像上取样。❷选择"图案"选项，则可在图案下拉列表中选择一个图案作为取样来源，修复图像。

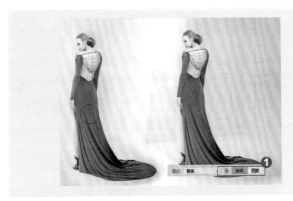
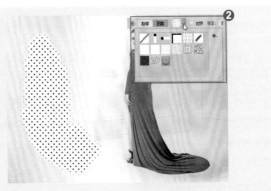

招式 025　拨开脸上的发丝

Q 照片中散落的发丝非常影响画面的美感，在 Photoshop 中有没有快速方法可以去除发丝呢？

A 利用修补工具将脸上的发丝进行修复，然后使用套索工具复制背景，覆盖散落在背景上的发丝。

1. 设置参数

❶ 打开本书配备资源中的"第 2 章 \ 素材 \ 招式 25\ 照片 .jpg"项目文件。❷ 按 Ctrl+J 快捷键拷贝"背景"图层，得到"图层 1"图层。❸ 选择工具箱中的 （修补工具），在工具选项栏中设置"修补"为"源"。

2. 清除脸部发丝

❶ 在人物的脸上单击并拖动鼠标创建选区。❷ 将光标放在选区内，当光标变为 形状时，单击并向上拖动选区。❸ 放开鼠标后会用当前选区的图像修补原来选中的内容。

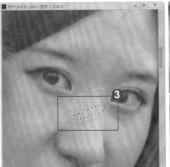
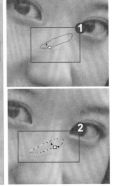

专家提示

我们也可以用矩形选框工具、魔棒工具或套索工具等创建选区，然后用修补工具拖动选中的图像进行修补。

3. 创建选区

❶ 按 Ctrl+D 快捷键取消选区，采用相同的方法，利用修补工具去除脸部的发丝。❷ 选择工具箱中的 ○（套索工具），在背景散落的发丝上创建选区。❸ 按 Shift+F6 快捷键羽化 4 个像素，将光标放在选区内，光标变为 ▷ 形状。

4. 清除散落在背景上的头发丝

❶ 向上拖动鼠标至背景图像上。❷ 按住 Ctrl+Alt 快捷键，当光标变为 ▶ 形状时，拖动选区至散落的头发上，覆盖头发。❸ 用相同方法，清除背景上多余的凌乱发丝。

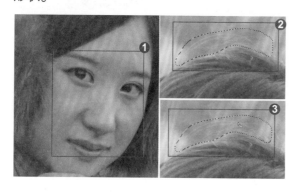

知识拓展

在"修补工具"选项栏中，❶ 如果选择"源"选项，将选区拖至要修补的区域后，会用当前选区中的图像修补原来选中的图像；❷ 如果选择"目标"选项，则会将选中的图像复制到目标区域。

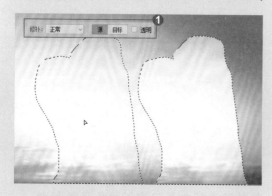

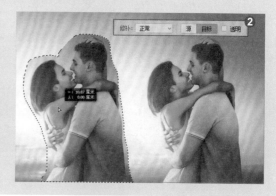

3

第 3 章

照片光影与色彩调整

对于一张照片来说，光影与色彩的完美结合，能使图像营造出色彩鲜明、层次丰富、赏心悦目的亮丽效果。在 Photoshop 软件中，"图像"菜单包含了用于调整图像颜色和色调的各种命令，一部分常用的命令也可以通过工作界面右侧"调整"面板提供的图标按钮使用，为我们在照片的后期处理提供了应对帮助和处置措施。

★★☆☆☆

招式 026 调整曝光不足的照片

Q 在光线很暗的地方，拍出来的照片会很暗，那么如何用 Photoshop 来调整曝光不足的照片呢？

A 对于光照较弱、曝光不足的照片，可使用"色阶"这一调整命令，按住 Alt 键拖动滑块可以切换到阈值模式，调节参数以提升曝光，改善色调，增加色彩。

1. 打开图像素材

❶ 打开本书配备资源中的"第 3 章 \ 素材 \ 招式 26\ 照片 .jpg"项目文件。❷ 按 Ctrl+J 快捷键复制一个图层。

2. 设置色阶参数

❶ 在菜单栏中选择"图像"|"调整"|"色阶"命令。❷ 弹出"色阶"对话框，观察直方图，山脉的两端没有在直方图的两端，所以说图像中最亮的点不是白色。

3. 拖动高光滑块

❶ 按住 Alt 键向左拖动高光滑块。❷ 临时切换为阈值模式，可以看到一个高对比度的预览图像。❸ 往回拖动滑块 (不要松开 Alt 键)，当画面中出现少量高对比度图像时释放滑块。

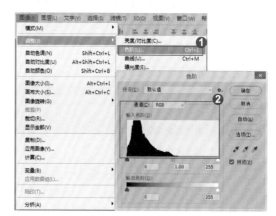

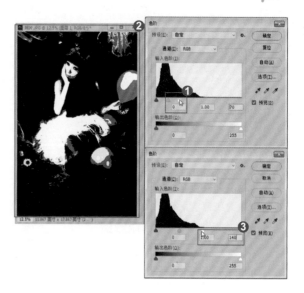

4. 拖动灰色滑块

❶ 按住 Alt 键向左拖动灰色滑块，调节参数。❷ 曝光不足的照片调整完成效果。

 专家提示

本实例采用的技术是在"色阶"对话框中将图像临时切换为阈值状态，然后再进行调整。这种方法不能用于调整 CMYK 模式的图像。

 知识拓展

在"色阶"对话框中，❶ 当"输入色阶"选项组中的阴影滑块位于色阶 0 处时，它所对应的像素是纯黑的，如果向右移动阴影滑块，Photoshop 就会将滑块当前位置的像素值映射为色阶"0"，也就是说，滑块所在位置左侧的所有像素都会变为黑色。❷ 当滑块位于 255 高光位置时，所对应的像素是纯白的，如果向左移动高光滑块，滑块当前位置的像素值就会映射为"255"，因此，滑块所在位置右侧的所有像素都会变为白色。

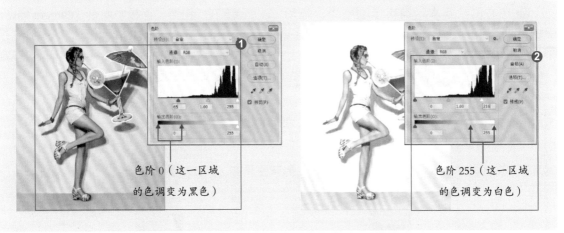

色阶 0（这一区域的色调变为黑色）　　色阶 255（这一区域的色调变为白色）

 ★★★★★ 招式 027 调整曝光过度的照片

Q 在强光下拍摄的照片会产生曝光，在 Photoshop 中如何调整曝光过度的照片呢？

A 对于光照较强、曝光过度的照片，可以使用"滤镜"中的"Camera Raw 滤镜"命令，再对"基本"选项进行调整，以改善曝光、增加对比度，均衡色调。

1. 打开图像素材

❶ 打开本书配备资源中的"第3章\素材\招式27\照片.jpg"项目文件。❷ 在菜单栏中选择"滤镜"|"转换为智能滤镜"命令。

2. 应用 Camera Raw 滤镜

❶ 在菜单栏中选择"滤镜"|"Camera Raw 滤镜"命令。❷ 弹出 Camera Raw 面板,在底部单击 Y (在"原图/效果图"视图之间切换)按钮,显示"原图"和"效果图",方便观察效果。

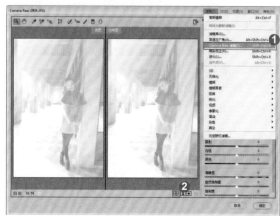

3. 设置参数

❶ 在右侧"基本"编辑选项栏中,拖动滑块,调节参数。❷ "效果图"显示调整效果。❸ 单击"确定"按钮,完成编辑。

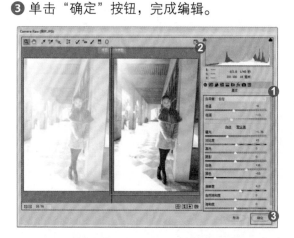

4. 继续设置参数

❶ 在"图层"面板中双击"Camera Raw 滤镜"选项,打开 Camera Raw 面板,可以继续编辑。❷ 拖动滑块,调整"饱和度"参数,单击"确定"按钮。❸ 曝光过度的照片调整完成效果。

知识拓展

　　在 Photoshop CC 以前版本中,Camera Raw 是作为一个增效工具随 Photoshop 一起提供的,安装 Photoshop 时会自动安装它,是专门用于 Raw 文件的程序,可以解释相机原始数据文件、使用相关相机的信息以及图像元数据来构建和处理彩色图像。而在 CC 版本中,Camera Raw 可以作为一个滤镜命令来进行操作,方便处理 JPG、PNG 等各种格式的文件,使操作变得更加简单、智能。

招式 028 调整逆光照片

 **Q** 我们在拍摄照片时常常背景很亮而人物比较暗，那么在 Photoshop 中如何处理这些逆光照片呢？

A 对于逆光的照片，可以使用"阴影/高光"命令进行调整。

1. 打开图像素材

❶ 打开本书配备资源中的"第3章\素材\招式28\照片.jpg"项目文件。❷ 按 Ctrl+J 快捷键复制一个图层。

2. 打开"阴影/高光"对话框

❶ 在菜单栏中选择"图像"|"调整"|"阴影/高光"命令。❷ 弹出"阴影/高光"对话框，选中"显示更多选项"复选框。

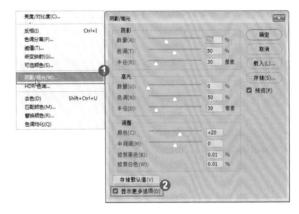

3. 设置参数

❶ 拖动滑块，调节参数。❷ 单击"图层"面板底部的"创建新的填充或调整图层"按钮，选择"曲线"命令，创建"曲线"调整图层。

4. 调整曲线

❶ 添加一个控制点，调整曲线。❷ 逆光照片调整完成效果。

 知识拓展

在"阴影 / 高光"对话框中：❶"阴影"选项组可以将阴影区域调亮；❷"高光"选项组可以将高光区域调暗；❸"颜色"选项可以调整已更改区域的色彩；❹"中间调"用来调整中间调的对比度；❺"修剪黑色"/"修剪白色"选项可以指定在图像中将多少阴影和高光修剪到新的阴影（色阶为 0，黑色）和高光（色阶为 255，白色）颜色，该值越高，图像的对比度越强；❻"存储默认值"选项可将当前的参数设置存储为预设，再次打开"阴影/ 高光"对话框时，可显示该参数。

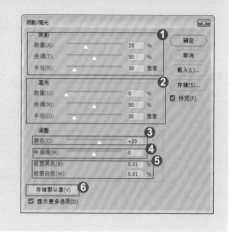

招式 029 调整过暗照片

Q 有时候会因为天气原因，拍出来的照片颜色非常暗，那么 Photoshop 中如何调整过暗的照片呢？

A 可以将图层模式更改为"滤色"，使照片在不失真的状态下进行调整，让照片变得明亮起来。

1. 打开图像素材

❶ 打开本书配备资源中的"第 3 章 \ 素材 \ 招式 29 \ 照片 .jpg"项目文件。❷ 按 Ctrl+J 快捷键复制一个图层。

2. 打开"亮度 / 对比度"对话框

❶ 在菜单栏中选择"图像"|"调整"|"亮度 / 对比度"命令。❷ 弹出"亮度 / 对比度"对话框，调节参数，单击"确定"按钮。

3. 设置图层模式

❶ 按 Ctrl+J 快捷键，复制"图层 1"。
❷ 将"图层 1"的"混合模式"改为"滤色"。

4. 调整色阶

❶ 单击"图层"面板底部的"创建新的填充或调整图层"按钮，选择"色阶"命令，创建"色阶"调整图层。❷ 拖动滑块，调节参数。❸ 过暗的照片调整完成效果。

知识拓展

　　在"图层"面板中选择一个图层，单击面板顶部的按钮 正常，从弹出的下拉列表可选择混合模式，混合模式分为 6 组，共 27 种，每一组的混合模式都可以产生相似的效果或有着相近的用途。❶ 组合模式组中的混合模式需要降低图层的不透明度才能产生作用；❷ 加深模式组中的混合模式可以使图像变暗，在混合过程中，当前图层中的白色将被底层较暗的像素替代；❸ 减淡模式组与加深模式组产生的效果截然相反，它们可以使图像变亮，图像中的黑色会被较亮的像素替换，而任何比黑色亮的像素都可能加亮底层图像；❹ 对比模式组中的混合模式可以增强图像的反差，在混合时，50% 的灰色会完全消失，任何亮度值高于 50% 灰色的像素都可能加亮底层的图像，亮度值低于 50% 灰色的像素则可能使底层图像变暗；❺ 比较模式组中的混合模式可以比较当前图像与底层图像，然后将相同的区域显示为黑色，不同的区域显示为灰度层次或彩色；❻ 使用色彩模式组中的混合模式时，Photoshop 会将色彩分为 3 种成分（色相、饱和度和亮度），然后再将其中的一种或两种应用在混合的图像中。

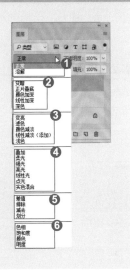

★★☆☆☆ 招式 **030** 调整过亮照片

Q 在室外或者窗前拍照的时候，照片就会太亮，影响美观，那么在 Photoshop 中如何调整过亮的照片呢？

A 通过"亮度/对比度"、"阴影/高光"、"曲线"等调整命令可以调整照片亮度，使之协调。

1. 打开图像素材

❶ 打开本书配备资源中的"第 3 章 \ 素材 \ 招式 30\ 照片 .jpg"项目文件。❷ 按 Ctrl+J 快捷键复制一个图层。

2. 打开"亮度 / 对比度"对话框

❶ 在菜单栏中选择"图像"|"调整"|"亮度 / 对比度"命令。❷ 弹出"亮度 / 对比度"对话框，调节参数，单击"确定"按钮。

3. 打开"阴影 / 高光"对话框

❶ 在菜单栏中选择"图像"|"调整"|"阴影 / 高光"命令。❷ 弹出"阴影 / 高光"对话框，选中"显示更多选项"复选框。❸ 调节参数，单击"确定"按钮。

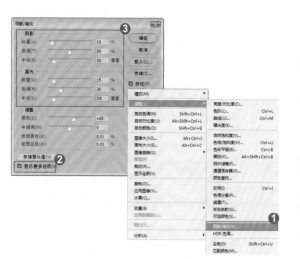

4. 调整曲线

❶ 单击"图层"面板底部的"创建新的填充或调整图层"按钮 ，选择"曲线"命令，创建"曲线"调整图层。❷ 添加一个控制点，向上拖动曲线。❸ 过亮的照片调整完成效果。

知识拓展

在"亮度 / 对比度"对话框中：❶ 选中"使用旧版"复选框，拖动"亮度"与"对比度"滑块，可以得到与 Photoshop CS3 以前的版本相同的调整结果，即进行线性调整。❷ 若取消选中"使用旧版"复选框，进行调整对比，则旧版对比度更强，但图像细节也丢失得更多。

招式 031 调整人物面部的亮度

Q 如果一张照片只需要将人物的面部调亮，那么在 Photoshop 中如何调整呢？

A 先将面部内容选择，再使用滤镜库中的"扩散亮光"命令来调整，将图像中人物的面部提亮。

1. 打开图像素材

❶ 打开本书配备资源中的"第 3 章 \ 素材 \ 招式 31\ 照片 .jpg"项目文件。❷ 按 Ctrl+J 快捷键复制一个图层。

2. 打开"色彩范围"对话框

❶ 在菜单栏中选择"图像" | "色彩范围"命令。❷ 弹出"色彩范围"对话框，在"选择"下拉列表框中选择"肤色"选项，并单击"选择范围"按钮。

3. 建立选区

❶ 选中"检测人脸"复选框。❷ 设置"颜色容差"值，单击"确定"按钮，建立选区。❸ 单击工具箱中的 （快速选择工具），对选区进行细化，在图像上单击加选肤色部分，按住 Alt 键在图像上单击减选除肤色以外的部分。

4. 扩散亮光

❶ 按 Ctrl+J 快捷键复制图层，按 Ctrl+D 快捷键取消选区。❷ 选择"滤镜"|"滤镜库"命令，弹出"滤镜库"对话框，在"属性"面板中选择"扩散亮光"选项，设置相关参数，调整拷贝图层的亮度。❸ 单击"确定"按钮，关闭对话框，设置图层不透明度为 15%。

5. 建立选区

按 Ctrl+Alt+2 组合键，载入高光选区，按 Ctrl+Shift+I 组合键反选选区。❶ 单击"调整"面板中的 按钮，创建"色阶"调整图层，拖动滑块，调整图像暗部的亮度。❷ 选择工具箱中的 （画笔工具），设置前景色为黑色，适当降低画笔的不透明度，在人物脸部涂抹还原脸部细节。

知识拓展

　　"扩散亮光"滤镜可以在图像中添加白色杂色，并从图像中心向外渐隐亮光，使其产生一种光芒漫射的效果。使用该滤镜可以将照片处理为柔光照，亮光的颜色由背景色决定，选择不同的背景，可以产生不同的视觉效果。

招式 032 调整照片的对比度

★★★★★

Q 调整照片的对比度经常会用到"图像"|"调整"里面的"亮度/对比度"命令，那么还有其他方法可以调整照片的对比度吗？

A 在 Photoshop 中还可以用"曲线"命令来调整照片的对比度，不仅可以调整光线，还可以调整颜色，而且富于变化，操作性更强。

1. 打开图像素材

❶ 打开本书配备资源中的"第 3 章\素材\招式 32\照片 .jpg"项目文件。❷ 按 Ctrl+J 快捷键复制一个图层。

2. 设置曲线

❶ 单击"图层"面板底部的"创建新的填充或调整图层"按钮 ，选择"曲线"命令，创建"曲线"调整图层。❷ 在"预设"下拉列表框中，选择"增加对比度 (RGB)"选项。❸ 默认的对比度曲线。

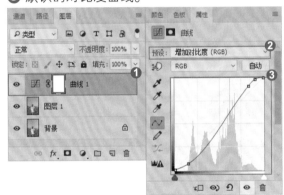

3. 调整曲线

❶ 要是对于默认的对比度曲线不是很满意，还可以手动调节。曲线水平轴左边是阴影，右边是高光，把左边的控制点往下拉就是让暗部更暗，把右边的控制点往上拉让亮部更亮。❷ 照片的对比度调整完成效果。

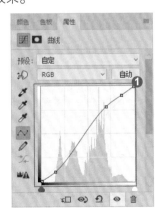

知识拓展

在"曲线"设置界面中，水平的渐变颜色条为输入色阶，它代表了像素的原始强度值；垂直的渐变颜色条为输出色阶，它代表了调整曲线后像素的强度值。调整曲线之前，这两个数值是相同的，❶ 将曲线调整为"S"形，可以使高光区域变亮、阴影区域变暗，从而增强色调的对比度。❷ 反"S"形曲线则会降低对比度。

★★★★★
招式 033 调整闪光不足的照片

Q 拍摄照片时，由于闪光灯无法提供足够的照明，使照片看起来总体上曝光不足，如何用 Photoshop 调整闪光不足的照片呢？

A 可以使用"曝光度"命令来进行调整，可以在不失真的状态下调整照片，让照片变得明亮起来。

1. 打开图像素材

❶ 打开本书配备资源中的"第3章\素材\招式33\照片.jpg"项目文件。❷ 按 Ctrl+J 快捷键复制一个图层。

2. 设置曝光度

❶ 单击"图层"面板底部的"创建新的填充或调整图层"按钮 ，选择"曝光度"命令创建"曝光度"调整图层。❷ 打开"曝光度"设置界面，拖动"曝光度"滑块，调整图像的高光，正值增加图像曝光度，负值降低图像曝光度。

3. 调节参数

❶ 拖动"位移"滑块，调整图像的阴影，向右拖动滑块使图像的阴影变亮。❷ 拖动"灰度系数校正"滑块，调整图像的中间调，向左拖动滑块，使图像的中间调变亮。❸ 闪光不足的照片调整完成效果。

知识拓展

❶ 单击"在图像中取样已设置白场"按钮 ⟨⟩。❷ 在图像的高光上单击，可以自动调整图像的曝光度。

招式 034 调整过于暗淡的照片

Q 除了使用"图像"菜单中的"亮度/对比度"等命令调整过于暗淡的照片，还有什么方法可以调整过于暗淡的照片呢？

A Photoshop 还可以使用"滤镜"菜单中的"高反差保留"命令，来提亮过于暗淡的照片并且提高清晰度。

1. 打开图像素材

❶ 打开本书配备资源中的"第 3 章\素材\招式 34\照片 .jpg"项目文件。❷ 按 Ctrl+J 快捷键复制一个图层。

2. 打开"高反差保留"对话框

❶ 在"通道"面板中选择蓝色通道，并复制该通道。❷ 在菜单栏中选择"滤镜"|"其他"|"高反差保留"命令。❸ 弹出"高反差保留"对话框，设置参数，单击"确定"按钮。

3. 计算图像

❶ 在菜单栏中选择"图像"|"计算"命令。
❷ 弹出"计算"对话框，在"结果"下拉列表中选择"选区"命令，单击"确定"按钮，创建新的选区。

4. 调整曲线

❶ 单击 RGB 通道回到"图层"面板，在面板底部单击"创建新的填充或调整图层"按钮，选择"曲线"命令，创建"曲线"调整图层。❷ 添加一个控制点，向上拖动曲线。❸ 过于暗淡的照片调整完成效果。

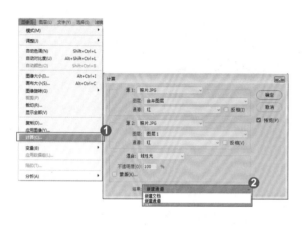

知识拓展

在"计算"对话框中：❶"源 1"下拉列表框用来选择第一个源图像、图层和通道。❷"源 2"下拉列表框用来选择"源 1"混合的第二个源图像、图层和通道，该文件必须是打开的，并且与"源 1"的图像具有相同的尺寸和分辨率。❸"结果"下拉列表框可以设置一种计算结果的生产方式。选择"新建通道"选项可以将计算结果应用到新的通道中，参与混合的两个通道不会受到影响；选择"新建文档"选项可得到一个新的黑白图像；选择"选区"选项可得到一个新的选区。

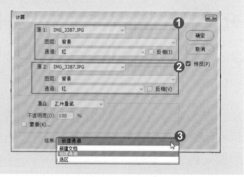

★★☆☆☆
招式 035 叠加中性色，移除局部偏光

Q 当拍摄照片时，某一部分反光强烈，使得一张图像只有局部偏光的时候，那么在 Photoshop 中如何处理呢？

A 在 Photoshop 中使用"可选颜色"和"色相/饱和度"调整命令，设置参数，就可以移除图像的局部偏光。

1. 打开图像素材

❶ 打开本书配备资源中的"第 3 章 \ 素材 \ 招式 35\ 照片 .jpg"项目文件。❷ 按 Ctrl+J 快捷键复制一个图层。

2. 添加蒙版

❶ 选择工具箱中的 ▨（套索工具）。❷ 在图像上选中偏色部分。❸ 将工具选项栏中的"羽化"值改为 20 像素。❹ 单击"图层"面板底部的"添加矢量蒙版"按钮 ▨，为选区添加蒙版。

3. 设置参数

❶ 载入选区，在"图层"面板底部单击"创建新的填充或调整图层"按钮 ▨，选择"可选颜色"命令，创建"可选颜色"调整图层。❷ "颜色"设置为"红色"，拖动滑块，调节参数。

4. 调整色相 / 饱和度

❶ 载入选区，单击"图层"面板底部的"创建新的填充或调整图层"按钮 ▨，选择"色相 / 饱和度"命令，创建"色相 / 饱和度"调整图层。❷ 选择"红色"通道，拖动滑块，设置参数。❸ 移除局部偏光完成效果。

![知识拓展]

知识拓展

在调整局部色彩时，创建选区后，如果使用菜单命令调整色彩，则会保留选区进行颜色调整，但不会保留其参数；若不想显示选区，按 Ctrl+H 快捷键隐藏选区则依旧可以调整色彩。如果使用调整图层来调整色彩，则选区会隐藏，参数会保留，以便后期更改。

★★★★★ 招式 036 去除照片灰蒙蒙的感觉

🇶 有时阴天或者天气不好的情况下拍出的照片都比较灰，那么有什么方法可以调整照片，让其变成我们喜欢的明快色调呢？

🇦 在 Photoshop 中，使用滤镜中的"Camera Raw 滤镜"命令，其中有个新增的去雾霾的工具，可以去除照片灰蒙蒙的感觉。

1. 打开图像素材

❶ 打开本书配备资源中的"第3章\素材\招式36\照片.jpg"项目文件。❷ 在菜单栏中选择"滤镜"|"转换为智能滤镜"命令。

2. 应用 Camera Raw 滤镜

❶ 在菜单栏中选择"滤镜"|"Camera Raw 滤镜"命令。❷ 弹出"Camera Raw 滤镜"面板，在底部单击"在'原图/效果图'视图之间切换"按钮 Y，显示"原图"和"效果图"，方便观察效果。

3. 调节参数

❶ 在编辑选项栏中单击"效果"按钮 *fx*。
❷ 拖动"去除薄雾"滑块，调节参数。❸ 去除照片灰蒙蒙的感觉效果。

知识拓展

从 Photoshop CC 2015 版本开始，Camera Raw 新增了一项智能去除雾霾的功能，只需要在"效果"选项参数列表中调整"去除雾霾"的参数，既可以去除雾霾又可以为照片添加薄雾效果。

招式 037 利用"自动颜色"命令修正偏色照片

Q 有时会因为色温或天气等影响，拍摄出来的照片会出现一些偏色的情况，那么 Photoshop 中如何修正偏色照片呢？

A 在 Photoshop 中可以使用"图像"|"调整"|"自动颜色"命令，来修正偏色的照片。

1. 打开图像素材

❶ 打开本书配备资源中的"第3章\素材\招式 37\照片 .jpg"项目文件。❷ 按 Ctrl+J 快捷键复制一个图层。

2. 自动调整图像颜色

❶ 在菜单栏中选择"图像"|"自动颜色"命令，或按 Ctrl+Shift+B 组合键。❷ 自动对图像颜色进行调整。

3. 调整色彩平衡

❶ 单击"图层"面板底部的"创建新的填充或调整图层"按钮，选择"色彩平衡"命令，创建"色彩平衡"调整图层。❷ 拖动滑块，调节色彩平衡参数。❸ 修正偏色照片完成效果。

4. 调整色相 / 饱和度

❶ 单击"图层"面板底部的"创建新的填充或调整图层"按钮，选择"色相 / 饱和度"命令，创建"色相 / 饱和度"调整图层。❷ 拖动滑块，调节色相 / 饱和度参数。❸ 修正偏色照片完成效果。

知识拓展

"自动颜色"命令可以通过搜索图像来标识阴影、中间调和高光，从而调整图像的对比度和颜色，可以使用该命令来校正偏色照片。

招式 038 利用"匹配颜色"命令修正偏色照片

Q 在 Photoshop 中除了使用"自动颜色"命令，还有什么方法可以快速修正偏色的照片呢？

A 还可以使用 Photoshop 中的"匹配颜色"命令，轻松修复一些严重偏色的照片，并且步骤简单，效果也很不错。

1. 打开图像素材

❶ 打开本书配备资源中的"第 3 章 \ 素材 \ 招式 38\ 照片 .jpg"项目文件。❷ 按 Ctrl+J 快捷键复制一个图层。

2. 匹配颜色

❶ 在菜单栏中选择"图像"|"调整"|"匹配颜色"命令，或按 Alt+I+J+M 组合键。❷ 弹出"匹配颜色"对话框，选中"中和"复选框，偏色得到基本纠正。

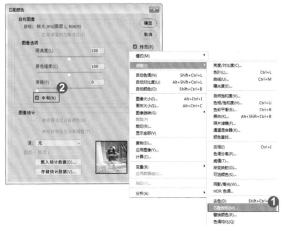

4. 调整色相/饱和度

❶ 单击"图层"面板底部的"创建新的填充或调整图层"按钮，选择"色相/饱和度"命令，创建"色相/饱和度"调整图层。❷ 拖动滑块，调节色相/饱和度参数。❸ 修正偏色照片完成效果。

3. 调整曲线

❶ 单击"图层"面板底部的"创建新的填充或调整图层"按钮，在弹出的下拉菜单中选择"曲线"命令，创建"曲线"调整图层。❷ 添加一个控制点，拖动曲线。

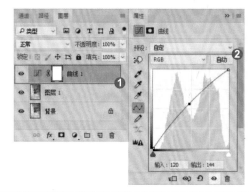

知识拓展

选中"中和"复选框，可以消除图像中出现的色偏。

招式 039 通过设置灰场修正偏色照片

Q 在 Photoshop CC 中如何使用"色阶"命令,来修正偏色的照片呢?

A 通过设置"色阶"命令中的"白场"、"黑场"和"灰场",以达到快速修正偏色照片的效果。

1. 打开图像素材

❶ 打开本书配备资源中的"第 3 章\ 素材\ 招式 39\ 照片 .jpg"项目文件。❷ 按 Ctrl+J 快捷键复制一个图层。

2. 设置黑场

❶ 在"图层"面板底部单击"创建新的填充或调整图层"按钮 ,选择"色阶"命令,创建"色阶"调整图层。❷ 弹出"色阶"面板,单击"在图像上取样设置黑场"吸管按钮 。❸ 单击图像上黑色的地方。

3. 设置白场和灰场

❶ 在"色阶"面板中,单击"在图像上取样设置白场"吸管按钮 。❷ 单击图像上白色的地方。❸ 单击"在图像上取样设置灰场"吸管按钮 。❹ 单击图像上灰色的地方。

4. 应用"自动颜色"命令

❶ 按 Ctrl+Shift+Alt+E 组合键盖印图层。❷ 在菜单栏中选择"图像"|"自动颜色"命令,弹出"自动颜色"对话框,设置相关参数。❸ 修正偏色照片完成效果。

知识拓展

　　校正偏色时，如果单击的区域不是灰色，则可能导致更严重的偏色，或出现其他颜色的色偏。此外，同样是在灰色区域单击，单击位置不同，校正结果也会有差异。由此可见，校正色偏是一个比较感性的工作，只要凭着对照片的直观感受，将其调整到最佳的视觉效果就可以了，况且，有些色偏还是有益的。

取样点不准导致出现新的色偏　　　　　　取样点不准导致出现新的色偏

专家提示

　　夕阳下的金黄色调、室内温馨的暖色调、摄影师使用镜头滤镜拍摄的特殊色调等可以增强图像的视觉效果，这样的色偏不需要校正。

★★☆☆☆ 招式 040 提高照片颜色的鲜艳度

Q 大多数人都喜欢颜色鲜艳的照片，那么在 Photoshop 中如何提高照片颜色的鲜艳度呢？

A 通过 Photoshop 中的"亮度 / 对比度""色彩平衡""色相 / 饱和度"等调整命令，就可以提高照片颜色的鲜艳度。

1.打开图像素材

❶ 打开本书配备资源中的"第 3 章 \ 素材 \ 招式 40\ 照片 .jpg"项目文件。❷ 按 Ctrl+J 快捷键复制一个图层。

2. 调整亮度 / 对比度

❶ 在"图层"面板底部单击"创建新的填充或调整图层"按钮 ，选择"亮度 / 对比度"命令，创建"亮度 / 对比度"调整图层。❷ 拖动滑块，调节亮度 / 对比度参数。

4. 调整色相 / 饱和度

❶ 单击"图层"面板底部的"创建新的填充或调整图层"按钮 ，选择"色相 / 饱和度"命令，创建"色相 / 饱和度"调整图层。❷ 拖动滑块，调节色相 / 饱和度参数。❸ 提高照片鲜艳度后的效果。

3. 调整色彩平衡

❶ 单击"图层"面板底部的"创建新的填充或调整图层"按钮 ，选择"色彩平衡"命令，创建"色彩平衡"调整图层。❷ 拖动滑块，调节色彩平衡参数。

 知识拓展

在"色彩平衡"调整面板中，可以选择一个或多个色调来进行调整，包括"阴影""中间调"和"高光"。选中"保留明度"复选框，可以保持图像的色调不变，防止亮度值随颜色的更改而改变。

招式 ★★★★★ 041 更改照片的颜色色调

Q 一张照片的整体色调通常可以表明一种情境，不同的色调可渲染不同的氛围，在 Photoshop 中如何更改照片的颜色色调呢？

A 在 Photoshop 中可以使用"色相/饱和度"命令，调整参数，就可以更改照片的颜色色调。

1. 打开图像素材

❶ 打开本书配备资源中的"第 3 章 \ 素材 \ 招式 41\ 照片 .jpg"项目文件。❷ 按 Ctrl+J 快捷键复制一个图层。

2. 调整色相/饱和度

❶ 单击"图层"面板底部的"创建新的填充或调整图层"按钮 ⬤ ，选择"色相/饱和度"命令，创建"色相/饱和度"调整图层。❷ 弹出"色相/饱和度"面板，选中"着色"复选框。

3. 继续调整色相/饱和度

❶ 拖动滑块，调节"色相"和"饱和度"的参数。❷ 照片的颜色色调更改完成效果。

知识拓展

选中"着色"复选框后：❶ 如果前景色是黑色或白色，图像会转换为红色；❷ 如果前景色不是黑色或白色，则图像会转换为当前前景色的色相。变为单色图像以后，可以拖动"色相"滑块修改颜色，或者拖动下面的两个滑块调整饱和度和明度。

专家提示

色相是指色彩的相貌，如光谱中的红、橙、黄、绿、蓝、紫为基本色相；明度是指色彩的明暗度；纯度是指色彩的鲜艳程度，也称饱和度；以明度和纯度共同表现的色彩的程度称为色调。

★★☆☆☆
招式 **042** 快速调整人物肤色

Q 很多时候我们拍出来的人像照片的皮肤会受光线影响而偏色，那么在 Photoshop 中如何快速调整人物肤色呢？

A 在 Photoshop 中，可以使用"色彩范围"和"色彩平衡"调整命令，快速调整人物的肤色。

1. 打开图像素材

❶ 打开本书配备资源中的"第 3 章 \ 素材 \ 招式 42\ 照片 .jpg"项目文件。❷ 按 Ctrl+J 快捷键复制一个图层。

2. 建立皮肤选区

❶ 在菜单栏中选择"选择"|"色彩范围"命令。❷ 弹出"色彩范围"对话框，设置容差，在图像上单击取样亮部皮肤颜色。❸ 单击"确定"按钮，建立皮肤选区。

3. 调整色彩平衡

❶ 在菜单栏中选择"图像"|"调整"|"色彩平衡"命令。❷ 弹出"色彩平衡"对话框，拖动滑块，调节参数，单击"确定"按钮。

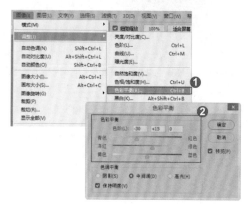

4. 建立皮肤选区

❶ 按 Ctrl+D 快捷键取消选区，在菜单栏中选择"选择"|"色彩范围"命令。❷ 弹出"色彩范围"对话框，设置容差。❸ 在图像上单击取样暗部皮肤颜色，单击"确定"按钮，建立皮肤选区。

5. 调整色彩平衡

❶ 在菜单栏中选择"图像"|"调整"|"色彩平衡"命令。❷ 弹出"色彩平衡"对话框，拖动滑块，调节参数，单击"确定"按钮。❸ 人物肤色调整完成效果。

知识拓展

"色彩范围"对话框中：❶ 选区预览图下方包含两个选项，选中"选择范围"单选按钮时，预览区域的图像中，白色代表了被选择的区域，黑色代表了未被选择的区域，灰色代表了被部分选择的区域 (带有羽化效果的区域)；❷ 如果选中"图像"单选按钮，则预览区内显示彩色图像。

专家提示

如果在图像中创建了选区，则"色彩范围"命令只分析选中的图像。如果要细调选区，可以重复使用该命令。

招式 043 提升人物与背景的层次感

Q 有些照片背景和人物比较平，容易融为一体，那么如何用 Photoshop 拉开人物与背景的层次感呢？

A 在 Photoshop 中，可以使用"色彩范围"、"色阶"和"曲线"调整命令，来提升人物与背景的层次感。

1. 设置图层模式

❶ 打开本书配备资源中的"第 3 章 \ 素材 \ 招式 43\ 照片 .jpg"项目文件。❷ 按 Ctrl+J 快捷键复制一个图层。❸ 将图层模式更改为"正片叠底"。

2. 擦出人物

❶ 单击"图层"面板底部的"添加矢量蒙版"按钮 ，添加蒙版。❷ 选择工具箱中的 (画笔工具)，设置前景色为黑色。❸ 在图像上擦出人物部分。

3. 调整色阶

❶ 单击"图层"面板底部的"创建新的填充或调整图层"按钮 ⚫️，选择"色阶"命令，创建"色阶"调整图层。❷ 弹出"色阶"面板，拖动滑块，调节参数。

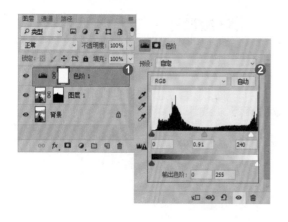

4. 调整曲线

❶ 单击"图层"面板底部的"创建新的填充或调整图层"按钮 ⚫️，选择"曲线"命令，创建"曲线"调整图层。❷ 弹出"曲线"面板，添加调整点，调整曲线。

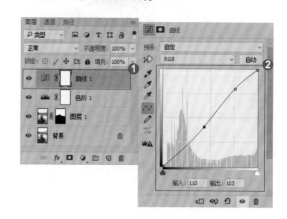

5. 色彩平衡

❶ 单击"图层"面板底部的"创建新的填充或调整图层"按钮 ，选择"色相 / 饱和度"命令，创建"色相 / 饱和度"调整图层。❷ 弹出"色相 / 饱和度"面板，拖动滑块，调节参数。❸ 提升人物与背景的层次感效果完成。

 知识拓展

在"图层"面板中，按 Shift+Ctrl+] 组合键可以将所选的图层调整到最顶层；按 Ctrl+[或 Ctrl+] 快捷键可以将所选图层向下或向上移动一个堆叠顺序；按 Ctrl+Shift+[组合键可以将所选图层调整到最底层。

招式 **044** 制作双色调人物照片

Q 我们在网站上经常会看到一些双色调的海报图，那么如何用 Photoshop 制作这种双色调的人物照片呢?

A 在 Photoshop 中，将图像格式转换为"双色调"模式进行调整，就可以制作出双色调的人物照片。

1. 将图像转换为黑白图像

❶ 打开本书配备资源中的"第3章 \ 素材 \ 招式 44 \ 照片 .jpg"项目文件。❷ 在菜单栏中选择"图像"|"模式"|"灰度"命令。❸ 在弹出的"信息"对话框中，单击"扔掉"按钮，将图像转换为黑白图像。

2. 打开"双色调选项"对话框

❶ 在菜单栏中选择"图像"|"模式"|"双色调"命令。❷ 弹出"双色调选项"对话框，在"类型"下拉列表框中选择"双色调"选项。

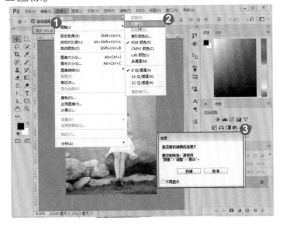

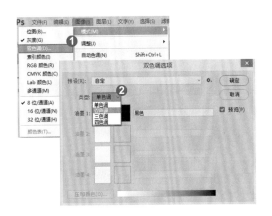

3. 设置颜色

❶ 单击"油墨 1"后面的颜色框。❷ 弹出"拾色器"对话框，设置颜色。❸ 给设置的颜色命名。

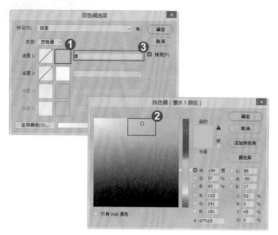

专家提示

只有灰度模式的图像才能转换为双色调模式。

知识拓展

"双色调"对话框中，在"类型"下拉列表框中可以选择"单色调""双色调""三色调"或"四色调"选项。单色调是使用非黑色的单一油墨打印的灰度图像；双色调、三色调和四色调分别是用两种、三种和四种油墨打印的灰度图像。选择之后，单击各个油墨颜色块，可以打开颜色库来设置油墨颜色。

4. 调整曲线

❶ 设置好两个颜色后，单击颜色框左边的曲线框。❷ 弹出"双色调曲线"对话框，添加控制点，调整曲线。❸ 单击"确定"按钮，双色调效果完成。

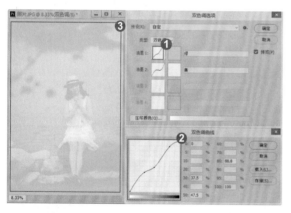

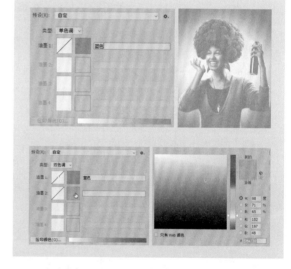

招式 **045** 设置褪色艺术照片

★★★★★

Q Photoshop 可以制作出很多风格的艺术照片，那么在 Photoshop 中怎么样把一张彩色照片设置成褪色艺术照片呢？

A 在 Photoshop 中通过"黑白"命令，调节参数，就可以设置褪色艺术照片的效果。

1. 打开图像素材

❶ 打开本书配备资源中的"第 3 章 \ 素材 \ 招式 45\ 照片 .jpg"项目文件。❷ 按 Ctrl+J 快捷键复制一个图层。

2. 设置黑白

❶ 在菜单栏中选择"图像" | "调整" | "黑白"命令。❷ 弹出"黑白"面板，默认黑白参数设置。❸ 图像呈现黑白效果。

3. 调节参数

❶ 选中"色调"复选框，单击"色调"后面的颜色框，可设置颜色。❷ 拖动滑块，调节参数。❸ 设置褪色艺术照片效果完成。

知识拓展

如果利用"黑白"命令为灰度着色，将创建单色调效果：❶ 可选中"色调"复选框，再拖动"色相"滑块和"饱和度"滑块进行调整；❷ 也可单击颜色块，在弹出的"拾色器"对话框中对颜色进行调整。

 专家提示

> 按住 Alt 键单击某个色卡可将单个滑块复位到其初始设置。同时，对话框中的"取消"按钮将变为"复位"，单击"复位"按钮可复位所有的颜色滑块。

★★★★☆☆ 招式 046 为黑白照片上色

 Q 很多时候我们留下了影像，但是没有留下影像的色彩，那么如何用 Photoshop 为黑白的照片上色呢？

A 在 Photoshop 中新建图层，将图层模式改为"颜色"，设置前景色，使用画笔工具就可以为黑白照片进行上色。

1. 新建空白图层

❶ 打开本书配备资源中的"第 3 章 \ 素材 \ 招式 46\ 照片 .jpg"项目文件。❷ 按 Ctrl+J 快捷键复制一个图层。❸ 在"图层"面板中单击"创建新图层"按钮🔲，新建空白图层。

2. 设置前景色

❶ 将图层模式设置为"颜色"。❷ 选择工具箱中的 🖌️（画笔工具）。❸ 设置前景色为皮肤颜色 (#edd1bb)。

 知识拓展

> "颜色"模式是将当前图层的色相与饱和度应用到底层图像中，但保持底层图像的亮度不变。"颜色"模式可用于给黑白照片上色，例如，将画笔工具的混合模式设置为"颜色"以后，使用不同的颜色在黑白图像上涂抹，即可为其着色。

3. 给皮肤上色

❶ 在图像上给皮肤上颜色。❷ 单击"图层"面板底部的"创建新的填充或调整图层"按钮 ⬚，选择"色相/饱和度"命令，创建"色相/饱和度"调整图层。❸ 弹出"色相/饱和度"面板，调节饱和度，让皮肤颜色更加自然。

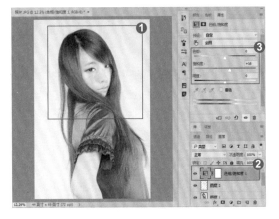

5. 给衣服上色

❶ 在"图层"面板中单击"创建新图层"按钮 ⬚，新建空白图层，将图层模式设置更改为"颜色"。❷ 选择工具箱中的 ✎ (画笔工具)，设置前景色为衣服的颜色——紫色 (#f2b4ff)，在图像上给衣服上颜色。

6. 设置图层模式

❶ 按 Ctrl+Shift+Alt+E 组合键盖印图层。❷ 将图层模式更改为"柔光"。❸ 将图层"不透明度"设置为 50%。❹ 给黑白照片上色完成效果。

4. 给头发上色

❶ 在"图层"面板中单击"创建新图层"按钮 ⬚，新建空白图层，将图层模式设置为"颜色"。❷ 选择工具箱中的 ✎ (画笔工具)，设置前景色为头发颜色 (#35231f)，在图像上给头发上颜色。

★★☆☆☆

招式 **047** 替换人物服饰的颜色

Q 有时候一幅图像只需要更改人物服饰的颜色，那么在 Photoshop 中如何替换人物服饰的颜色呢？

A 在 Photoshop 中，可以使用"色相 / 饱和度"调整命令，就可以替换人物服饰的颜色。

1. 打开图像素材

❶ 打开本书配备资源中的"第 3 章 \ 素材 \ 招式 47\ 照片 .jpg"项目文件。❷ 按 Ctrl+J 快捷键复制一个图层。

2. 调整色相 / 饱和度

❶ 单击"图层"面板底部的"创建新的填充或调整图层"按钮 ，选择"色相 / 饱和度"命令，创建"色相 / 饱和度"调整图层。❷ 弹出"色相 / 饱和度"面板，拖动"色相"滑块，调整色相。

3. 还原部分颜色

❶ 在"图层"面板中单击"色相 / 饱和度"的蒙版缩览图。❷ 选择工具箱中的 （画笔工具），设置前景色为黑色。❸ 在图像上画出不需要变化颜色的部分。

4. 再次调整色相 / 饱和度

❶ 在"图层"面板中双击"色相 / 饱和度"的图层缩览图。❷ 弹出"色相 / 饱和度"面板，拖动"色相"滑块，调整颜色。❸ 替换人物服饰颜色效果完成。

知识拓展

单击"色相/饱和度"面板中的 ∨ 按钮，在下拉列表中可以选择要调整的颜色。❶选择"全图"选项，拖动滑块，调整的是图像中所有颜色的色相、饱和度和明度；❷选择其他选项，可单独调整红色、黄色、绿色或青色等颜色的色相、饱和度和明度。

★★☆☆☆ 招式 048 替换帽子的颜色

Q　在 Photoshop 中除了使用"色相/饱和度"命令可以替换部分颜色，还有什么方法可以替换帽子的颜色呢？

A　还可以使用"替换颜色"命令，用吸管工具，吸取帽子颜色，调整"色相"和"饱和度"参数，就可以替换帽子的颜色。

1. 打开图像素材

❶打开本书配备资源中的"第3章\素材\招式48\照片.jpg"项目文件。❷按 Ctrl+J 快捷键复制一个图层。

2. 调整颜色

❶在菜单栏中选择"图像"|"调整"|"替换颜色"命令。❷弹出"替换颜色"对话框，选择吸管工具，在图像上取样帽子的颜色。❸调整颜色容差。❹调整"色相"和"饱和度"。

3. 替换颜色

❶ 在"替换颜色"对话框中选择"添加到取样"吸管 。❷ 在图像上单击帽子上没有改变颜色的部分。

4. 蒙版

❶ 单击"图层"面板中的"添加矢量蒙版"按钮 ，为图层添加蒙版。❷ 选择工具箱中的 （画笔工具），设置前景色为黑色，在图像上涂抹出不需要变化颜色的部分。❸ 替换帽子的颜色。

知识拓展

在"替换颜色"对话框中，❶ 用"吸管"工具 在图像上单击，可以选中光标下面的颜色（"颜色容差"选项下面的缩览图中，白色代表了选中的颜色）；❷ 用"添加到取样"工具 在图像上单击，可以添加新的颜色；❸ 用"从取样中减去"工具 在图像上单击，可以减少颜色。

★★☆☆☆ 招式 049 快速应用模板颜色的色调

Q 有些图片的色调特别漂亮，那么在 Photoshop 中可不可以将好看的色调快速应用到调整照片中呢？

A 可以使用"图像"|"调整"|"匹配颜色"菜单命令，将色调照片设置为"源"，就可以将其他照片的色调应用到调整照片中。

1. 打开图像素材

❶ 打开本书配备资源中的"第 3 章 \ 素材 \ 招式 49\ 照片 .jpg"项目文件。❷ 打开本书配备资源中的"第 3 章 \ 素材 \ 招式 49\ 色调照片 .jpg"项目文件。

2. 匹配颜色

❶ 选择"照片"文件，按 Ctrl+J 快捷键复制一个图层。❷ 在菜单栏中选择"图像"|"调整"|"匹配颜色"命令，弹出"匹配颜色"对话框。❸ 在"源"下拉列表框中选择"色调照片 .jpg"选项。

3. 调节参数

❶ 选中"预览"复选框，照片色调已经发生了变化。❷ 在"图像选项"选项组中，拖动滑块，调节参数，以达到更理想的效果。❸ 选中"中和"复选框，将两幅图像的中间色调进行混合，以达到更逼真的效果。❹ 照片的颜色色调更改完成效果。

 知识拓展

　　如果图像中包括选区，在使用"匹配颜色"命令进行调整时，❶ 选中"应用调整时忽略选区"复选框可忽略选区，将调整用于整个图像；❷ 取消"应用调整时忽略选区"复选框的选中，则仅影响选中的图像。

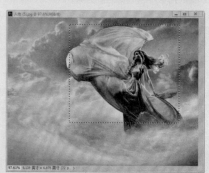

招式 050 调整冷暖色调的照片

Q 在 Photoshop 中有很多的方法可以调整照片的色调，那么有什么方法可以快速地将图像调整为冷暖色调的照片呢？

A 在 Photoshop 中使用"照片滤镜"命令，就可以快速地将照片调整为冷暖色调。

1. 打开图像素材

　　❶ 打开本书配备资源中的"第 3 章 \ 素材 \ 招式 50 \ 照片 .jpg"项目文件。❷ 按 Ctrl+J 快捷键复制一个图层。

2. 选择滤镜

❶ 单击"图层"面板底部的"创建新的填充或调整图层"按钮，选择"照片滤镜"命令，创建"照片滤镜"调整图层。❷ 弹出"照片滤镜"面板，单击"滤镜"下拉列表按钮，弹出滤镜下拉列表。

3. 设置加温滤镜

❶ 选择"加温滤镜"选项，拖动滑块，调节"浓度"参数。❷ 图像呈现暖色调效果。

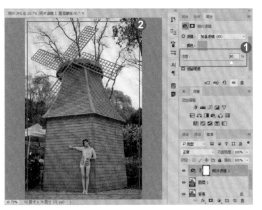

4. 设置冷却滤镜

❶ 选择"冷却滤镜"选项，拖动滑块，调节"浓度"参数。❷ 图像呈现冷色调效果。

知识拓展

在"照片滤镜"面板中：❶"浓度"决定了颜色的浓郁程度；❷取消选中"保留明度"复选框的，可以保持图像的色调不变，防止亮度值随颜色的更改而改变。

招式 051 调整图像色调制作个人风格

Q 在 Photoshop 中有很多的方法可以调整照片的色调，那么怎样制作出具有个人风格的图像色调呢？

A 在 Photoshop 中可以使用"色彩平衡"命令，调节参数，就可以制作出个人风格的色调效果。

1. 打开图像素材

❶ 打开本书配备资源中的"第 3 章\素材\招式 51\照片.jpg"项目文件。❷ 按 Ctrl+J 快捷键复制一个图层。

2. 设置色彩平衡

❶ 单击"图层"面板底部的"创建新的填充或调整图层"按钮 ，选择"色彩平衡"命令，创建"色彩平衡"调整图层。❷ 弹出"色彩平衡"面板，单击"色调"下拉列表按钮，弹出"阴影""中间调"和"高光"三个色调选项。

3. 调节参数

❶ 选择"中间调"选项，调整中间调参数。❷ 将"色调"设置为"阴影"，拖动滑块，调节参数。❸ 设置"色调"为"高光"，拖动滑块，调节参数。❹ 图像色调调整完成效果。

知识拓展

❶选择"图层"|"新建调整图层"下拉菜单中的命令，或者单击"调整"面板中的按钮。❷即可在"图层"面板中创建调整图层。❸同时"属性"面板中会显示相应的参数设置选项。

招式 052 打造 Lab 清透色调

Q 一般调整照片色调都是在 RGB 模式下调整，那么在 Photoshop 中如何用 Lab 模式打造清透色调呢？

A 在图像里将 Photoshop 模式更改为"Lab 颜色"，选择"曲线"命令，调整各个通道的曲线，就可以打造出清透色调。

1. 转换为 Lab 模式

❶打开本书配备资源中的"第3章\素材\招式52\照片.jpg"项目文件。❷在菜单栏中选择"图像"|"模式"|"Lab 颜色"命令，转换为 Lab 模式。

2. 应用图像

❶在菜单栏中选择"图像"|"应用图像"命令。❷弹出"应用图像"对话框，将"混合"模式更改为"叠加"。❸将"不透明度"设置为 50。

3. 调整曲线

❶单击"图层"面板底部的"创建新的填充或调整图层"按钮 ，选择"曲线"命令，创建"曲线"调整图层。❷弹出"曲线"面板，添加控制点，调整"明度"曲线。❸将"明度"更改为"a"，添加控制点，调整曲线。❹将"明度"更改为"b"，添加控制点，调整曲线。❺打造 Lab 清透色调效果完成。

知识拓展

　　Lab 模式是 Photoshop 进行颜色模式转换时使用的中间模式。例如，将 RGB 图像转换为 CMYK 模式时，Photoshop 会先将其转换为 Lab 模式，再将 Lab 转换为 CMYK 模式。因此，Lab 的色域最宽，它涵盖了 RGB 和 CMYK 的色域。在 Lab 颜色模式中，L 代表了亮度分量，它的范围为 0~100；a 代表了由绿色到红色的光谱变化；b 代表了由蓝色到黄色的光谱变化。颜色分量 a 和 b 的取值范围均为 +127~−128。

招式 **053** 调出淡雅的韩式色调

Q 在 Photoshop 中有很多的方法可以调整照片的色调，怎么样将照片调整为淡雅的韩式色调呢？

A 在 Photoshop 中使用"可选颜色"命令，就可以快速将照片调整为淡雅的小清新韩式色调。

1. 打开图像素材

❶ 打开本书配备资源中的"第 3 章 \ 素材 \ 招式 53 \ 照片 .jpg"项目文件。❷ 按 Ctrl+J 快捷键复制一个图层。

2. 调整可选颜色

❶ 单击"图层"面板底部的"创建新的填充或调整图层"按钮，选择"可选颜色"命令，创建"可选颜色"调整图层。❷ 弹出"可选颜色"面板，将"颜色"设置为"红色"，拖动滑块，调节参数。❸ 将"颜色"设置为"黄色"，拖动滑块，调节参数。

3. 调整自然饱和度

❶ 单击"图层"面板底部的"创建新的填充或调整图层"按钮，选择"自然饱和度"命令，创建"自然饱和度"调整图层。❷ 弹出"自然饱和度"面板，拖动滑块，调节参数。

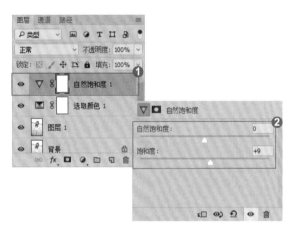

4. 调整曲线

❶ 单击"图层"面板底部的"创建新的填充或调整图层"按钮，选择"曲线"命令，创建"曲线"调整图层。❷ 弹出"曲线"面板，调整"红""绿""蓝"通道的曲线。❸ 淡雅的韩式色调完成效果。

知识拓展

　　"自然饱和度"是用于调整色彩饱和度的命令，它的特别之处是可在增加饱和度的同时防止颜色过于饱和而出现溢色，非常适合处理人像照片。❶ 拖动"饱和度"滑块时，可以增加或减少所有颜色的饱和度，但所增加的饱和度会导致颜色过于艳丽，显得不协调；❷ 使用"自然饱和度"滑块增加饱和度时，Photoshop 不会产生过于饱和的颜色，即使饱和度达到最高值，仍能保持自然、真实的效果。

★★★★☆☆
招式 **054** 逆光效果的处理

Q 逆光是一种具有艺术魅力和表现力的光照，能烘托出氛围，怎么用 Photoshop 给图像处理出逆光的效果呢？

A 在 Photoshop 中使用"阴影 / 高光"命令增加阴影，再用减淡工具制作高光泛白效果，用加深工具加深阴影，最后将图层模式更改为"柔光"，就可以将图像处理成逆光的效果。

1. 打开图像素材

❶ 打开本书配备资源中的"第 3 章 \ 素材 \ 招式 54\ 照片 .jpg"项目文件。❷ 按 Ctrl+J 快捷键复制一个图层。

2. 设置阴影 / 高光

❶ 在菜单栏中选择"图像"|"调整"|"阴影 / 高光"命令。❷ 弹出"阴影 / 高光"对话框，拖动滑块，调节阴影参数，单击"确定"按钮。

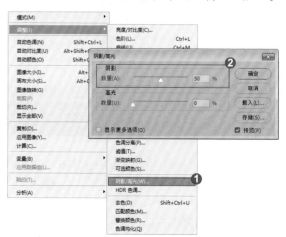

3. 制作泛白效果和加深阴影

❶ 在"图层"面板中选择"图层 1"，再选择工具箱中的 ● (减淡工具)。❷ 在图像的亮部涂抹，使之泛白。❸ 在工具箱中选择 ● (加深工具)。❹ 在图像上暗部涂抹。

4. 设置图层模式

❶ 在"图层"面板中将图层模式更改为"柔光"。❷ 将"不透明度"调整为 80%。❸ 图像的逆光效果处理完成。

5. 设置图层模式

❶ 单击"图层"面板底部的"创建新的填充或调整图层"按钮 ●．，创建"渐变填充"调整图层，在弹出的"渐变填充"对话框中设置相关参数。❷ 设置调整图层的混合模式为"柔光"，制作逆光光线。❸ 新建图层，填充黑色，设置其混合模式为"滤色"。

6. 添加光线照射光源点

❶ 选择"滤镜"|"渲染"|"镜头光晕"命令，在弹出的"镜头光晕"对话框中设置光晕的类型、大小等参数。❷ 单击"确定"按钮关闭对话框，添加光线照射光源点。

知识拓展

在调节照片特定区域曝光的传统摄影技术中，摄影师通过减弱光线以使照片中的某个区域变暗（加深），或增加曝光度使照片中的区域变亮（减淡）。Photoshop 中的减淡工具和加深工具正是基于这种技术，可用于处理照片的曝光。

★★☆☆☆
招式 055 秋色暖色调的处理技法

Ｑ　使用 Photoshop 中可以将照片调整为任意色调，那么如何将照片处理成秋色暖色调的效果呢？

Ａ　在 Photoshop 中通过"可选颜色""色相/饱和度""色彩平衡"和"曲线"这些调整命令，就可以将照片色调处理成秋色暖色调。

1. 打开图像素材

❶ 打开本书配备资源中的"第 3 章\素材\招式 55\照片 .jpg"项目文件。❷ 按 Ctrl+J 快捷键复制一个图层。

2. 设置可选颜色

❶单击"图层"面板底部的"创建新的填充或调整图层"按钮，选择"可选颜色"命令，创建"可选颜色"调整图层。❷弹出"可选颜色"面板，将"颜色"设置为"黄色"，拖动滑块，调节参数。❸将"颜色"设置为"绿色"，拖动滑块，调节参数。❹将"颜色"设置为"中性色"，拖动滑块，调节参数。

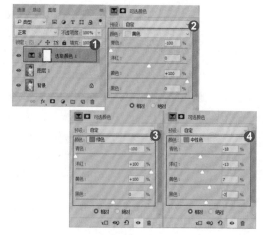

3. 调整色相/饱和度

❶单击"图层"面板底部的"创建新的填充或调整图层"按钮，选择"色相/饱和度"命令，创建"色相/饱和度"调整图层。❷弹出"色相/饱和度"面板，拖动滑块，调节参数。

4. 设置色彩平衡

❶单击"图层"面板底部的"创建新的填充或调整图层"按钮，选择"色彩平衡"命令，创建"色彩平衡"调整图层。❷弹出"色彩平衡"面板，拖动滑块，调节参数。

5. 调整曲线

❶单击"图层"面板底部的"创建新的填充或调整图层"按钮，选择"曲线"命令，创建"曲线"调整图层。❷弹出"曲线"面板，调整通道"红"和"蓝"的曲线。❸在各个调整图层的蒙版区域，用黑色画笔涂抹，还原人物肌肤，秋色暖色调的完成效果。

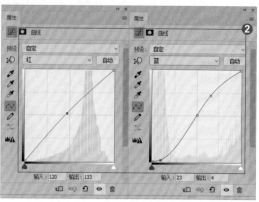

知识拓展

　　使用"色阶"或是"曲线"命运调整图像色调时，如果要同时编辑多个颜色通道，可在选择"色阶"命令之前，❶ 按住 Shift 键在"通道"面板中选择这些通道。❷ 这样"色阶"的"通道"菜单会显示目标通道的缩写，例如，RG 表示红色和绿色通道。

★★☆☆☆
招式 056 天空的处理

Q 　有时候我们拍摄出来的照片天空曝光过度以至于没有云彩，那么利用 Photoshop 怎样给图像处理成有蓝天白云的天空呢？

A 　在 Photoshop 中将一张天空素材拖入到图像上调整大小和位置，用渐变工具给天空蒙版添加渐变，再用"曲线"调整命令处理天空的颜色。

1. 打开图像素材

　　❶ 打开本书配备资源中的"第 3 章 \ 素材 \ 招式 56 \ 照片 .jpg"项目文件。❷ 按 Ctrl+J 快捷键复制一个图层。

2. 添加天空素材

　　❶ 打开本书配备资源中的"第 3 章 \ 素材 \ 招式 56 \ 天空素材 .jpg"项目文件。❷ 选择工具箱中的 ✥ (移动工具)。将天空素材拖入"照片"文件中。

3. 调整曲线

❶ 单击"图层"面板底部的"添加图层蒙版"按钮□，为天空添加蒙版。选择工具箱中的□（渐变工具），设置黑色到透明色的渐变，单击"线性渐变"按钮□，在天空图片中从下往上拖动鼠标隐藏部分天空。❷ 按 Ctrl+M 快捷键，弹出"曲线"对话框，添加调整点，调节曲线，单击"确定"按钮。❸ 添加天空的完成效果。

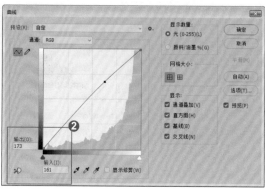

知识拓展

❶ 当图像模式为 RGB 模式时，曲线向上弯曲，可将色调调亮，曲线向下弯曲，可将色调调暗；❷ 如果图像为 CMYK 模式时，则曲线向上弯曲可以将色调调暗，曲线向下弯曲可以将色调调亮。

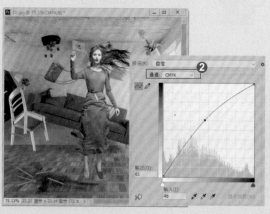

4

第 4 章

打造时尚流行色调

　　调色是照片处理最基础也是最重要的手法之一。通常拍摄出来的照片，由于受到环境等外界因素的影响，往往不能够表现出摄影师所要求的意境，这就需要对照片进行后期处理，通过对照片进行调色处理，可以使照片表现出不同的情感和意境。本章主要介绍一些常用的照片调色方法与技巧。

招式 057 快速调出奶白肌肤

★★★☆☆

Q 在私房写真中，奶白肌肤是常见的色调，这种色调是如何调整出来的呢？

A 先整体调整照片的色系，再局部调整皮肤，让这个画面呈现出奶白色调，丰富画面色彩。

1.调整曲线

❶打开本书配备资源中的"第4章\素材\招式57\素材.jpg"项目文件。❷选择"图像"|"调整"|"亮度/对比度"命令，在弹出的"亮度/对比度"对话框中设置相应的参数。❸单击"图层"面板底部的"创建新填充或调整图层"按钮，选择"曲线"命令，创建"曲线"调整图层。在弹出的"曲线"面板中，调整曲线的参数。

2.创建选区并羽化

❶选择工具箱中的（磁性套索工具），拖动光标将人物选中。❷选择"选择"|"修改"|"羽化"命令，在弹出的"羽化选区"对话框中设置"羽化半径"为150像素，单击"确定"按钮，关闭对话框。

3.调整色调

❶单击"图层"面板底部的"创建新的填充或调整图层"按钮，创建"色阶"调整图层，调整色阶的参数。❷单击"图层"面板底部的"创建新的填充或调整图层"按钮，创建"色相/饱和度"调整图层，调整"黄色"的参数。

4. 设置曲线

按 Ctrl+Alt+Shift+E 组合键盖印图层，生成图层 1，选择"图像"|"调整"|"曲线"命令，在弹出的"曲线"对话框中，设置曲线的参数。

5. 填充颜色

❶ 设置前景颜色为洋红色 (# ecb2fb)，单击"图层"面板底部的"创建新的填充或调整图层"按钮 ，创建"纯色"图层，填充前景色。选择工具箱中的 (渐变工具)，单击"渐变编辑器"，弹出"渐变编辑器"对话框，设置相应参数，填充一个线性渐变。

❷ 按 Ctrl+Alt+Shift+E 组合键盖印图层，生成图层 2，选择"图像"|"调整"|"亮度＼对比度"命令，在弹出的"亮度 / 对比度"对话框中设置相应参数。

知识拓展

"曲线"对话框中"预设"包含了 Photoshop 提供的各种预设调整文件，可用于调整图像。选择"预设"下拉列表中的"存储预设"选项，可以将当前的调整状态保存为一个预设文件，在对其他图像应用相同的调整时，可以选择"载入预设"选项；选择"删除当前预设"选项，则删除所存储的预设文件。

★★★★☆
招式 058 粉嫩柔美色调

Q 粉嫩的色调给人一种柔美的感觉，那这种色调是怎么调整出来的呢？

A 可以先用"色相 / 饱和度"命令调整整体色调，让画面呈现出粉嫩的感觉，再局部调整各个颜色，使画面整体协调。

1. 创建调整图层

❶打开本书配备资源中的"第4章\素材\招式58\素材.jpg"项目文件。❷选择"滤镜"|"Camera Raw滤镜"命令,在弹出的"Camera Raw滤镜"对话框中,设置相应参数。❸单击"图层"面板底部的"创建新的填充或调整图层"按钮 ,创建"可选颜色"调整图层,调整绿色与黄色的参数。

2. 为画面添加云彩效果

❶单击"图层"面板底部的"创建新的填充或调整图层"按钮 ,创建"色相/饱和度"调整图层,调整全图、黄、绿、青的参数,降低饱和度。❷选择"滤镜"|"渲染"|"云彩"命令,将混合模式改为"滤色",将"不透明度"改为30%,为画面添加云彩效果。

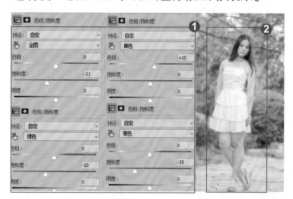

3. 调整颜色

❶单击"图层"面板底部的"创建新的填充或调整图层"按钮 ,创建"色彩平衡"调整图层,调整阴影与高光参数,按 Ctrl + Alt + G 组合键创建剪切蒙版,更改云彩颜色。❷再次创建"色彩平衡"调整图层,调整阴影与高光的参数,调整整体的颜色。

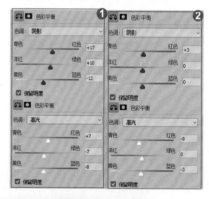

4. 减淡青色调

单击"图层"面板底部的"创建新的填充或调整图层"按钮 ,创建"可选颜色"调整图层,调整黄色、绿色、青色、白色与中性色的参数,减淡青色调。

5.调整整体色调

❶ 单击"图层"面板底部的"创建新的填充或调整图层"按钮 ，创建"曲线"调整图层，调整"红"通道与"蓝"通道的参数。
❷ 单击"图层"面板底部的"创建新的填充或调整图层"按钮，创建"可选颜色"调整图层，调整黄色、白色、青色的参数，将前景色的颜色设置为淡蓝色 (# cee7f7)。

6.绘制光线

❶ 单击"图层"面板底部的"创建新的填充或调整图层"按钮，创建"纯色"调整图层，选择工具箱中的 （渐变颜色），给蒙版填充一个渐变。❷ 按 Ctrl + Alt + Shift + E 组合键盖印图层，选择"滤镜"|"模糊"|"动感模糊"命令，将角度设置为 45 度，距离设置为 160，把混合模式改为"柔光"，"不透明度"改为 30%。

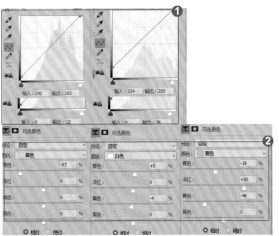

专家提示

直接按 Ctrl+J 快捷键复制图层就会生成"图层 1"，如果用鼠标拖动背景图层放到新建按钮，所复制的图层则会生成背景拷贝图层。

知识拓展

云彩滤镜可以使用介于前景色与背景色之间的随机值生成柔和的云彩图案。如果按住 Alt 键，然后执行"云彩"命令，则可以生成色彩更加鲜明的云彩图案。

★★★☆☆ 招式 059 日式小清新

Q 很多室外写真照片都会调整成为日式风格的照片，那什么样的风格才是日式风格呢？该如何用 Photoshop 来进行调整呢？

A 日式风格照片大致对比度较低、颜色比较浅，类似于曝光过度且颜色较艳丽。在 Photoshop 中可以先调整对比度后再调整局部颜色，让画面整体显得清新。

1. 调整亮度 / 对比度

❶ 打开本书配备资源中的"第 4 章 \ 素材 \ 招式 59\ 素材 .jpg"项目文件。❷ 按 Ctrl+J 快捷键，复制图层，选择"图像"|"调整"|"亮度 / 对比度"命令，在弹出的"亮度 / 对比度"对话框中设置参数。

2. 调整单个颜色色调

单击"图层"面板底部的"创建新的填充或调整图层"按钮 ，创建"可选颜色"调整图层，在颜色下拉列表框中选择"红色""绿色""洋红""青色""黑色"选项并设置参数，调整单个颜色。

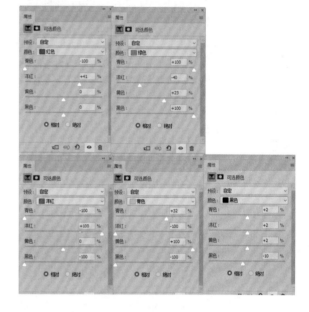

3. 调整色调

❶ 单击"图层"面板底部的"创建新的填充或调整图层"按钮 ，创建"曲线"调整图层，在"曲线"面板中调整"红"通道、"蓝"通道、"绿"通道的参数。❷ 单击"图层"面板底部的"创建新的填充或调整图层"按钮 ，创建"曝光度"调整图层，设置相应参数，制作日式清新风格照片。

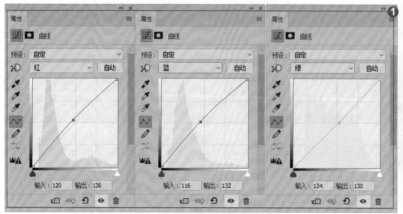

知识拓展

"曝光度"命令不是通过当前颜色空间而是通过在线性颜色空间执行计算而得出的曝光效果。选择"图像"|"调整"|"曝光度"命令可以打开"曝光度"面板，各参数含义如下。

● 曝光度：向左拖曳滑块，可以降低曝光效果；向右拖曳滑块，可以增强曝光效果。
● 位移：使阴影和中间调变暗，对高光的影响很轻微。
● 灰度系数校正：使用简单的乘方函数调整图像灰度系数。负值会被视为它们的相应正值（这些值保持为负，但仍然会被调整，就像它们是正值一样）。
● 吸管工具：用设置黑场吸管在图像上单击，可以使单击点的像素变为黑色；设置白场吸管工具可以使单击点的像素变为白色；设置灰色吸管工具可以使单击点的像素变为中性灰色（R、G、B 值均为 128）。

招式 ★★★☆☆ **060** 清新自然田园风

Q 闲适清新的田园风，总让人不自觉地放慢脚步去感受生活的美好，那这种风格的色调该如何去体现呢？

A 田园风重要的是画面整体色调要保持一致，可以先调整颜色的对比度再调整饱和度，让画面呈现出自然色调。

1. 拷贝背景图层

❶打开本书配备资源中的"第 4 章 \ 素材 \ 招式 60\ 素材 .jpg"项目文件。❷ 选择背景图层，将背景图层拖动到"图层"面板底部的"创建新图层"按钮 上，复制背景图层。

2. 调整色阶和曲线

❶ 单击"图层"面板底部的"创建新的填充或调整图层"按钮 ，创建"色阶"调整图层，调整相应参数。❷ 单击"图层"面板底部的"创建新的填充或调整图层"按钮 ，创建"曲线"调整图层，调整相应参数。

3. 调整色调

单击"图层"面板底部的"创建新的填充或调整图层"按钮 ，创建"可选颜色"调整图层，在"颜色"下拉列表框中选择"红色""黄色""绿色"和"蓝色"选项，再进行参数设置，调整画面整体色调。

4. 调整可选颜色

单击"图层"面板底部的"创建新的填充或调整图层"按钮 ，创建"可选颜色"调整图层，在"颜色"下拉列表框中选择"红色""黄色"选项，再进行参数设置，按 Ctrl+Alt+Shift+E 组合键盖印图层，生成图层 1。

5. 还原人物色调

❶ 选择工具箱中的 （橡皮擦工具），将人物上多余的颜色擦拭掉，使画面更加协调。
❷ 按 Ctrl+Alt+Shift+E 组合键盖印图层，生成图层 2。

知识拓展

盖印图层是把所有的图层合并后的效果变成当前图层，但是依然保留了下面的图层，没有真正的拼合，方便以后继续编辑个别图层。Photoshop CS 以前版本盖印图层前需要新建一个空白图层在最顶端；Photoshop CS2 以后版本不需要新建图层，可直接盖印，系统会自动添加一个图层。

专家提示

按下 Shift+Ctrl+N 组合键，可新建图层，并可以在打开的"新建图层"对话框中，设置新建图层的名称、混合模式和不透明度。

★★★★☆
招式 **061** 甜美的糖水片

Q 甜美可人的糖水片，给人一种清新自然的感觉，那糖水片有何特点呢？该如何进行调整？

A 糖水片用橘色的皮肤、模糊的背景、偏青的色调以及人物的甜美来展示它的特点。在后期处理中要给人物磨皮，使皮肤白嫩、柔和，实现糖水片效果。

1. 提高照片亮度

❶ 打开本书配备资源中的"第 4 章 \ 素材 \ 招式 61\ 素材 .jpg"项目文件。❷ 选择背景图层，将其拖动到面板底部的"创建新图层"按钮 上，复制背景图层。❸ 创建"曲线"调整图层，调整 RGB 参数，提亮照片亮度。

2 调整整体色调

单击"图层"面板底部的"创建新的填充或调整图层"按钮 ，创建"可选颜色"调整图层，在"颜色"下拉列表框中分别选择"红色""黄色""白色"选项并设置参数，调整画面的整体色调，让色调偏蓝青。

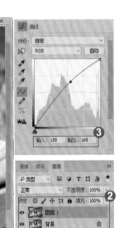

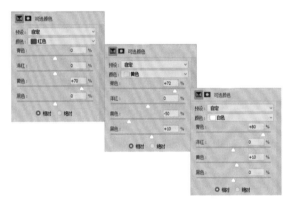

3. 调整黄色、白色色调

❶ 按 Ctrl+Alt+Shift+E 组合键盖印图层，生成图层 1。选择工具箱中的 （减淡工具），在人物肌肤上涂抹，减淡肌肤色调。❷ 单击"图层"面板底部的"创建新的填充或调整图层"按钮 ，创建"可选颜色"调整图层，调整黄色、白色的参数。

4. 调整背景颜色

❶ 选择工具箱中的 ⬚（磁性套索工具），将背景选中。❷ 单击"图层"面板底部的"创建新的填充或调整图层"按钮 ⬚，创建"色彩平衡"调整图层，调整背景颜色。

5. 调整嘴唇颜色

❶ 选择工具箱中的 ⬚（磁性套索工具），将嘴巴选中。❷ 单击"图层"面板底部的"创建新的填充或调整图层"按钮 ⬚，创建"色彩平衡"调整图层，调整相应的参数。

6. 添加腮红

❶ 选择工具箱中的 ⬚（磁性套索工具），单击添加到选区，在脸颊两边创建选区。❷ 单击"图层"面板底部的"创建新的填充或调整图层"按钮 ⬚，创建"色彩平衡"调整图层，调整相应的参数，按 Ctrl+Alt+Shift+E 组合键盖印图层，生成图层 2。

知识拓展

在色轮上，相距180°的颜色是互补色(如红与青、黄与蓝)。互补色结合的色组，是对比效果最强的色组。我们使用"色彩平衡"、"变化"等命令时，当增加一种颜色时，就会自动减少它的补色，反之亦然。

★★★★☆☆
招式 **062** 经典别致的红与黑

Q 黑白照片上保留局部颜色，让画面显得神秘又富有格调，那这种局部色调该如何进行调整呢？

A 可以将需要调整的局部区域选取出来，再进行颜色调整即可。在调整的过程中需保持画面风格的统一性。

1. 模糊图像

❶打开本书配备资源中的"第 4 章\素材\招式 62\素材 .jpg"项目文件，按 Ctrl+J 快捷键，复制背景图层，得到图层 1。❷单击"滤镜"|"模糊"|"高斯模糊"命令，在弹出的"高斯模糊"对话框中设置"半径"为 4 像素，单击"确定"按钮，关闭对话框。

2. 绘制眼神光

❶按 Ctrl+J 快捷键，复制背景图层，得到图层 2，选择"图像"|"应用图像"命令，在弹出的"应用图像"对话框中设置相应参数。❷选择图层 2，将混合模式设置为线性光，选择工具箱中的 ◯（椭圆选框工具），在工具选项栏中单击"添加到选区"按钮 ⬚，在眼球上创建选区。

3. 调整背景明暗程度

❶填充一个背景色，将混合模式设置为滤色，按 Ctrl+D 快捷键取消选区，选择工具箱中的 ⬚（磁性套索工具），将背景选中。❷单击"图层"面板底部的"创建新的填充或调整图层"按钮 ⬤.，创建"曲线"调整图层，调整相应的参数，加深背景色调。

4. 转换为黑白图像

❶选择工具箱中的 ⬚（磁性套索工具），将面部选中，单击"图层"面板底部的"创建新的填充或调整图层"按钮 ⬤.，创建"曲线"调整图层，调整相应的参数，按 Ctrl+D 快捷键取消选区。❷单击"图层"面板底部的"创建新的填充或调整图层"按钮 ⬤.，创建"渐变映射"调整图层，填充黑色到白色的渐变，将图像转换为黑白效果。

Photoshop 人像摄影后期处理实战秘技 250招

5. 调整嘴唇颜色

❶ 选择工具箱中的 （磁性套索工具），将嘴唇选中。❷ 选择工具箱中的 🪣（油漆桶工具），将嘴唇填充一个红色，将调整图层的混合模式设置为"线性光"、"不透明度"为80%，按 Ctrl+D 快捷键取消选区，制作红唇。

 知识拓展

"渐变映射"命令可以将图像转换为灰色，再用设定的渐变色替换图像的各级灰度。如果指定了双色渐变，图像中的阴影就会映射到渐变填充的一个端点颜色，高光则映射到另一个端点颜色，中间调映射为两个端点之间的渐变。

- 调整渐变：单击渐变颜色条右侧的下三角按钮，可以在弹出的下拉列表中选择一个预设的渐变。如果要创建自定义渐变，则可以单击渐变颜色条，打开"渐变编辑器"进行设置。
- 仿色：可以添加随机的杂色来平滑渐变填充的外观，减少带宽效应，使渐变效果更加平滑。
- 反向：可以反转渐变填充的方向。

招式 063 时尚浓郁的欧美色调

Q 偏棕褐色的欧美色调，让照片显得时尚、大气，那该色调要如何进行后期调整呢？

A 这种风格的照片，可以先提高对比度，让画面的对比更加强烈，然后增强色彩，让画面的色彩更加浓郁。

1. 复制背景图层

❶ 打开本书配备资源中的"第4章\素材\招式63\素材.jpg"项目文件。❷ 选择背景图层，将其拖动到"图层"面板底部的"创建新图层"按钮 上，复制背景图层。

2. 调整高光参数

❶ 单击"图层"面板底部的"创建新的填充或调整图层"按钮 ，创建"色相/饱和度"调整图层，设置相应的参数。❷ 单击"图层"面板底部的"创建新的填充或调整图层"按钮 ，创建"色彩平衡"调整图层，设置"高光"的参数。

3. 调整对比度

❶ 单击"图层"面板底部的"创建新的填充或调整图层"按钮 ，创建"色阶"调整图层，设置相关参数。❷ 单击"图层"面板底部的"创建新的填充或调整图层"按钮 ，创建"可选颜色"调整图层，调整"黑色"的参数。

4. 调整色彩平衡

单击"图层"面板底部的"创建新的填充或调整图层"按钮 ，创建"色彩平衡"调整图层，在弹出的"色彩平衡"面板中设置"中间调""阴影"与"高光"的参数。

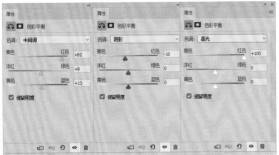

5. 创建渐变映射

❶ 设置前景色为棕褐色（#640e11），单击"图层"面板底部的"创建新的填充或调整图层"按钮 ，创建"渐变映射"调整图层，填充一个线性渐变。❷ 选择工具箱中的 （画笔工具），设置颜色为橘色（#a34d2d），"不透明度"为 20%，像素为 80，涂抹在多余的绿色颜色上。

专家提示

在"可选颜色"面板中，即使只设置一种颜色，也可以改变图像效果。但使用时必须注意，若对颜色的设置不合适的话，会打乱暗部和亮部的结构。

知识拓展

"可选颜色"面板中的"方法"选项用来设置调整的方式。选择"相对"选项可按照总量的百分比修改现有的青色、洋红、黄色和黑色的含量。例如，如果从50%的洋红像素开始添加10%，结果为55%（50%+50%x10%=55%）；选择"绝对"选项则采用绝对值调整颜色。例如，如果从50%的洋红像素开始添加10%，则结果为60%。

招式 064 怀旧的复古色调

Q 泛黄的色调让作品蒙上一种怀旧感，给人一种看故事的感觉，那么怀旧的复古色调该如何调整呢？

A 利用 Photoshop 让照片整个色调泛黄，然后局部进行调整，让画面呈现出勾起往事的情怀。

1. 涂抹掉人物上的颜色

❶ 打开本书配备资源中的"第4章\素材\招式64\素材.jpg"项目文件。❷ 按 Ctrl+J 快捷键复制背景图层，得到图层1。选择"图像"|"调整"|"色阶"命令，弹出"色阶"面板，设置相应的参数。❸ 单击"图层"面板底部的"创建图层蒙版"按钮，创建一个蒙版，选择工具箱中的（画笔工具），涂抹掉人物上的颜色。

2. 创建调整图层并设置颜色

❶ 单击"图层"面板底部的"创建新的填充或调整图层"按钮，创建"色阶"调整图层，设置相应参数。❷ 单击"图层"面板底部的"创建新的填充或调整图层"按钮，创建"通道混和器"调整图层，设置灰色通道的参数。

3. 调整曲线

❶ 选择工具箱中的 （橡皮擦工具），将面部多余的颜色擦拭掉。❷ 单击"图层"面板底部的"创建新的填充或调整图层"按钮 ，创建"曲线"调整图层，在颜色下拉列表框中选择"红""绿""蓝"选项，并设置相应参数。

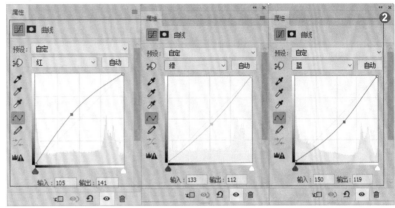

专家提示

在调色的时候，要考虑画面的协调感，画面中有不协调的色可以用橡皮擦擦拭掉。

知识拓展

色阶是 Photoshop 最为重要的调整工具之一，它可以调整图像的阴影、中间调和高光的强度级别，校正色调范围和色彩平衡，也就是说，色阶不仅可以调整色相，还可以调整色彩。

- 输出色阶：可以显示图像的亮度范围，从而降低对比度，使图像呈现褪色效果。
- 设置黑场：使用该工具在图像中单击，可以将单击点的像素调整为黑色，原图中比该点暗的像素也变为黑色。
- 设置灰场：使用该工具在图像中单击，可根据单击点像素的亮度来调整其他中间色调的平均亮度。
- 设置白场：使用该工具在图像中单击，可以将单击点的像素调整为白色，原图中比该点亮的像素也都会变为白色。
- 自动：单击该按钮，可应用自动颜色校正，Photoshop 会以 0.5% 的比例自动调整图像色阶，使图像的亮度分布更加均匀。
- 选项：单击该按钮，可以打开"自动颜色校正选项"对话框，在该对话框中可以设置黑色像素和白色像素的比例。

★★★★☆☆

招式 065 打造 LOMO 风格

Q 什么是 LOMO 风格，这种风格该如何进行调整？

A LOMO 照片是指用 LOMO 相机拍摄的照片，对红、蓝、黄光特别敏感，冲出的照片色彩异常鲜艳，成像质量不高，照片暗角比较大。用 Photoshop 调整这种色调时，将照片整体色调偏红黄一些，再添加独有的暗角效果就可以完成 LOMO 风格调整。

1. 调整亮度 / 对比度

❶ 打开本书配备资源中的"第4章\素材\招式65\素材.jpg"项目文件。❷ 选择背景图层，将其拖动到面板底部的 "创建新图层"按钮 上，复制背景图层，选择"图像"|"调整"|"亮度 / 对比度"命令，在弹出的"亮度 / 对比度"对话框中设置相应参数。

2. 设置图层混合模式

❶ 选择背景拷贝图层，调整图层的混合模式为"滤色"，"不透明度"为50%。❷ 选择背景图层，复制背景图层，选择"背景拷贝2"图层，调整图层的混合模式为"柔光"，"不透明度"为50%。❸ 按 Ctrl+Shift+E 组合键，合并可见图层。按 Ctrl+J 组合键，复制背景图层，得到"背景 拷贝"图层。

 知识拓展

"滤色"模式是将两个颜色的互补色的像素值相乘，然后除以255得到的最终色的像素值。通常应用滤色后的颜色都较浅。任何颜色和黑色执行滤色，原色不受影响；任何颜色和白色执行滤色，得到的是白色；而与其他颜色执行滤色会产生漂白的效果。

3. 混合通道

❶ 选择"图像"|"调整"|"反相"命令。
❷ 选择"图层"|"图层样式"|"混合选项"命令，弹出"混合选项"对话框，设置"不透明度"为 30%，"通道"设置为"B"通道，按 Ctrl+Shift+Alt+E 组合键，盖印图层，得到图层 1。

5. 添加暗角效果

盖印图层。选择"滤镜"|"Camera Raw 滤镜"命令，弹出"Camera Raw 滤镜"对话框。在右侧参数栏中单击"效果"按钮，调整晕影的"数量""中点"和"圆度"，添加边缘暗角。

专家提示

调整图层可以随时修改参数，而"图像""调整"菜单中的命令一旦应用以后，会将文档关闭，图像就不能恢复了。

4. 添加杂色效果

❶ 选择"滤镜"|"镜头校正"命令，弹出"镜头校正"对话框，设置晕影数量为 – 60，制作出暗角的效果。❷ 按 Ctrl+Shift+E 组合键，合并可见图层，得到"背景"图层。选择"滤镜"|"杂色"|"添加杂色"命令，弹出"添加杂色"对话框，设置"数量"为 5%，选中"单色"复选框，添加杂色效果。

塑造黝黑的阳刚美

Q 黝黑的阳刚风格照片给人一种积极、健康的生活状态，那这种风格的照片该如何调整呢？

A 可以先将人物肌肤塑造为黝黑、健康的感觉，然后调整亮度 / 对比度，增加皮肤光泽，让皮肤呈现出质感。

1. 创建新图层

❶ 打开本书配备资源中的"第 4 章 \ 素材 \ 招式 66\ 素材 .jpg"项目文件。❷ 切换到"通道"面板，按住 Ctrl 键将高光部分选中，返回到"图层"面板。❸ 按 Ctrl+J 快捷键，复制选区，得到图层 1，按 Ctrl+D 快捷键取消选区。

2. 调整皮肤亮度

❶ 单击"图层"面板底部的"创建新图层"按钮，得到图层 2，按 Alt+Delete 快捷键，填充前景色，将图层 1 与图层 2 调换位置。
❷ 单击"图层"面板底部的"创建新的填充或调整图层"按钮，创建"曲线"调整图层，设置相应的参数，调整皮肤亮度。

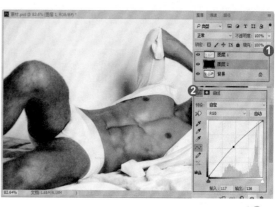

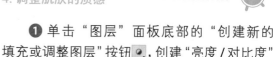

3. 盖印图层

❶ 单击"图层"面板底部的"创建新图层"按钮，得到图层 3，调整图层的混合模式为"色相"。❷ 按 Ctrl+Shift+Alt+E 组合键，盖印图层，得到图层 4。

4. 调整肌肤的质感

❶ 单击"图层"面板底部的"创建新的填充或调整图层"按钮，创建"亮度 / 对比度"调整图层，设置相应的参数。❷ 单击"图层"面板底部的"创建新的填充或调整图层"按钮，创建"色彩平衡"调整图层，设置相应的参数，调整肌肤的质感。

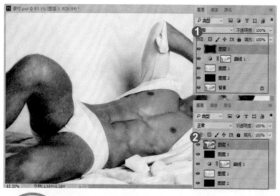

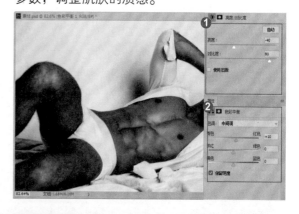

知识拓展

"自动对比度"命令不会单独调整通道，它只调整色调，而不会改变色彩平衡，因此也就不会产生色偏（色偏即色彩发生改变）。该命令可以改进色彩图像的外观，无法改善单色调颜色的图像（只有一种颜色的图像）。

★★★☆☆
招式 **067** 调整高饱和画意风格

Q 高饱和画意风格给人一种清新、自然的感觉，那这种风格该如何调整呢？

A 在调整这种风格时，可以将图像的模式转换为 Lab 模式，利用 Lab 原理让画面展现出高饱和色调，再进行细微的调整，可让颜色更加细腻，体现出自然、舒服的感觉。

1. 将图像转换为 Lab 模式

❶ 打开本书配备资源中的"第 4 章 \ 素材 \ 招式 67\ 素材 .jpg"项目文件。❷ 选择"图像"|"模式"|"Lab 模式"命令，将 RGB 模式转换为 Lab 模式，按 Ctrl+J 快捷键复制图层。

2. 将图像转换为 RGB 模式

选择"图像"|"模式"|"RGB 模式"命令，将 Lab 模式转换为 RGB 模式，合并图层，选择背景拷贝图层，调整图层的混合模式为"滤色"，设置"不透明度"为 50%。

3. 调整头发颜色

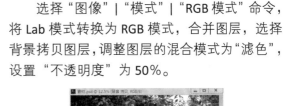

❶ 选择工具箱中的 ![磁性套索工具]（磁性套索工具），将头发选中。❷ 单击"图层"面板底部的"创建新的填充或调整图层"按钮 ![按钮]，创建"可选颜色"调整图层，在"颜色"下拉列表框中选择"红色""蓝色""青色"与"白色"选项，设置相应参数，调整头发颜色。

专家提示

在 Photoshop 所能使用的颜色模式中，Lab 模式的色域最宽，它包括 RGB 和 CMYK 色域中的所有颜色。所以使用 Lab 模式进行转换时不会造成任何色彩上的损失。Photoshop 便是以 Lab 模式作为内部转换模式来完成不同颜色模式之间的转换。

知识拓展

在 Lab 模式中，L 代表了亮度分量（明度通道），它的范围是 0~100（0 代表纯黑色，100 代表纯白色），a 代表了由绿色到红色的光谱变化。B 代表了由蓝色到黄色的光谱变化。颜色分量 a 和 b 的取值范围是 +127~−128。

招式 068 打造金属质感肌肤

Q 金属质感色调给人一种冷酷、个性十足的感觉，在 Photoshop 中这种色调感如何调整呢？

A 先用画笔工具等调整图像的暗调，增加发光地方的对比度，再整体调色及修饰细节，让肌肤呈现出金属质感。

1. 提亮图片色调

❶ 打开本书配备资源中的"第 4 章 \ 素材 \ 招式 68\ 素材 .psd"项目文件。❷ 选择背景图层，将其拖动到面板底部的"创建新图层"按钮 上，复制背景图层。选择"图像" |"调整" |"曲线"命令或按 Ctrl+M 快捷键，弹出"曲线"对话框，调整 RGB 通道，提亮图片色调。

2. 涂抹金属肌肤

❶ 选择工具箱中的 （画笔工具），单击前景色，在弹出的"拾色器（前景色）"对话框中，选中褐色（#af633b），涂抹在人物的皮肤上，并设置图层的混合模式为"柔光"。❷ 单击"图层"面板底部的"创建新的填充或调整图层"按钮 ，创建"色阶"调整图层，设置相应的参数，调整金属肌肤。

3. 调整色调

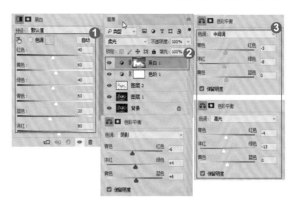

❶ 单击"图层"面板底部的"创建新的填充或调整图层"按钮 ，创建"黑白"调整图层，设置相应的参数。❷ 设置图层混合模式为"柔光"，选中调整图层蒙版，使用黑色画笔工具，在背景上涂抹，还原背景色调。❸ 单击"图层"面板底部的"创建新的填充或调整图层"按钮 ，创建"色彩平衡"调整图层，设置相应的参数。

4. 添加杂色

❶ 单击"图层"面板底部的"创建新的填充或调整图层"按钮 ，创建"可选颜色"调整图层，设置相应的参数。❷ 按 Ctrl+Shift+Alt+E 组合键，盖印图层，得到图层 2，选择"滤镜"|"杂色"|"添加杂色"命令，打开"添加杂色"对话框，设置相应参数，添加杂色显示质感。

5. 调整局部色调

❶ 选择工具箱中的 （磁性套索工具），将背景与较暗的部分选中。❷ 单击"图层"面板底部的"创建新的填充或调整图层"按钮 ，创建"曲线"调整图层，设置相应的参数，按 Ctrl+D 快捷键，取消选区。❸ 单击"图层"面板底部的"创建新的填充或调整图层"按钮 ，创建"色相/饱和度"调整图层，调整饱和度。

专家提示

色彩所呈现出来的质的面貌，如日光通过三棱镜分解出来的红、橙、黄、绿、紫、青六种色相。这种色相是产生色与色之间关系的主要因素。

知识拓展

　　"色相/饱和度"对话框底部有两个颜色条，上面的颜色条代表了调整前的颜色，下面的颜色条代表了调整后的颜色。❶ 如果在"编辑"选项中选择了一种颜色，❷ 两个颜色条之前便会出现几个小滑块，❸ 此时两个内部的垂直滑块定义了将要修改的颜色范围，调整所影响的区域会由此逐渐向两个外部的三角形滑块处衰减，三角形滑块以外的颜色则不会受到影响。

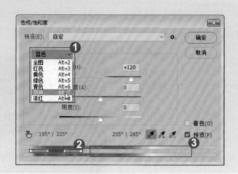

5

第 5 章

心灵之窗眼睛的修饰

眼睛是心灵的窗户，一双灵动活泼的眼睛可以反映出一个人的精神状态，但生活当中往往会因为熬夜、长时间面对电脑或年龄的增长，让眼睛呈现出一种疲惫的状态。本章主要针对人像照片中的眼睛进行处理，通过改变瞳孔颜色、消除黑眼圈、去除眼袋、增加眼神光等案例，详细介绍了各种调整工具及人物眼睛常用处理工具的使用方式。

招式 069 与眼袋说再见：去除眼袋

Q 拍摄出来的照片，眼袋又大又黑，非常难看，该如何利用 Photoshop 来去除眼袋呢？

A 可以利用 Photoshop 中的修复画笔工具对眼袋进行快速处理。

1. 创建图层

❶ 打开本书配备资源中的"第 5 章\素材\招式 69\素材.jpg"项目文件。❷ 单击背景图层，将其拖动到"图层"面板底部的"创建新图层"按钮 ◻ 上，复制背景图层。❸ 选择工具箱中的 ◉（缩放工具），将图像放大到眼睛部分，只显示眼睛区域。

2. 修复眼袋

❶ 选择工具箱中的 ✎（修复画笔工具），按住 Alt 键单击眼部平滑部分进行取样，将鼠标拖动至眼袋的位置，即可将取样周围的图像应用在要修复的皮肤上。❷ 继续使用取样后的修复画笔工具在图像上进行修复，完成人物左眼的修复效果。

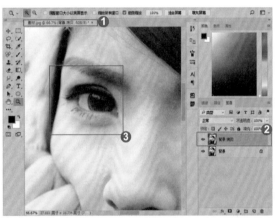

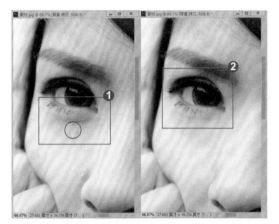

3. 继续修复眼袋

❶ 同样的方法，修复人物的另一只眼睛，使用修复画笔工具在右眼周围进行取样，然后对眼袋进行修复。❷ 单击"调整"面板中的"色阶"按钮 ▥，显示"色阶"面板，设置相关参数。

4. 调整色调

❶ 单击"调整"面板中的"色相 / 饱和度"按钮，弹出"色相 / 饱和度"面板，设置相关参数。

❷ 设置完成后，可看到图像色调被调成更自然的效果，完成去除眼袋的操作。

专家提示

在使用修复画笔工具对图像进行调整的过程中，最好将图像放大到合适的比例，这样处理后的图像更加细腻和完整。按 Z 键可切换至缩放工具，按 Ctrl+ 空格键可切换至放大工具，按 Alt+ 空格键可切换至缩小工具，但是要配合鼠标单击才可以缩放。按 Ctrl+"+"或"–"快捷键分别可以放大和缩小图像。

知识拓展

修复画笔工具可以在被修饰区域的周围取样，并将样本的纹理、光照、透明度和阴影等与所修复的像素匹配，从而去除照片中的污点和划痕。

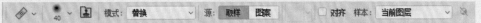

- 模式：在其下拉列表框中可以设置修复图像的混合模式。"替换"是比较特殊的模式，它可以保留画笔描边的边缘处的杂色、胶片颗粒和纹理，使修复效果更加真实。

- 源：设置用于修复像素的源。选择"取样"，可以从图像的像素上取样，选择"图案"，则可在图案下拉列表中选择一个图章绘制图案。

- 对齐：选中该复选框，会对像素进行连续取样，在修复过程中，取样点随修复位置的移动而变化；取消该复选框的选中，则在修复过程中始终以一个取样点为起始点。

- 样本：用来设置从指定的图层中进行数据取样。如果要从当前图层及其下方的可见图层中取样，可以选择"当前和下方图层"选项；如果仅从当前图层中取样，可选择"当前图层"选项；如果要从所有可见图层中取样，可选择"所有图层"选项。

招式 070　再见，熊猫：消除黑眼圈

Q 晚上没有休息好或是压力大，拍摄出来的照片，黑眼圈又大又明显，该怎么办呢？

A 可以在 Photoshop 中对黑眼圈进行修饰，让眼睛大而有神。

1. 建立选区

❶打开本书配备资源中的"第5章\素材\招式70\素材.jpg、背景图.jpg"项目文件。❷单击背景图层，将其拖动到"图层"面板底部的"创建新图层"按钮 📄 上，复制背景图层。❸按 Ctrl+ + 快捷键将图像放大，选择工具箱中的 ⚲（套索工具），建立选区。

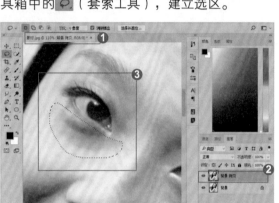

2. 创建图层

❶选择"选择"｜"修改"｜"羽化"命令，弹出"羽化选区"对话框，设置相应的参数。❷按小键盘上的向左"←"和向下"↓"方向键，将选区拖动到面部光滑的位置。❸按 Ctrl+C 快捷键复制选区，再按 Ctrl+V 快捷键，将复制的选区进行粘贴，得到图层1。

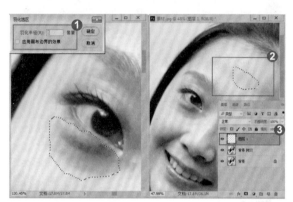

3. 复制和合并图层

❶选择工具箱中的 ✛（移动工具），将"图层1"复制的图像拖动至眼袋的位置。❷确保"图层1"为选中状态，设置"不透明度"为58%。❸隐藏"背景"图层，按 Shift+Ctrl+E 组合键合并可见图层，合并的图层系统自动将其命名为"图层1"，设置"不透明度"为80%。

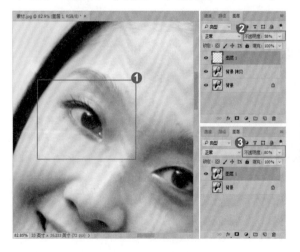

4. 修复黑眼圈

❶切换到"背景"图层，选择工具箱中的 ✐（修复画笔工具），按住 Alt 键单击眼部平滑部分进行取样，将鼠标拖动至黑眼圈的位置，即可将取样周围的图像应用在要修复的皮肤上。❷用相同的方法消除另外一只眼睛的黑眼圈。

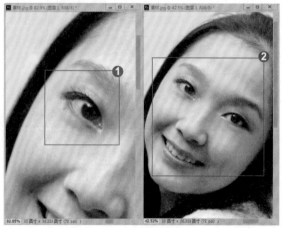

5. 调整色调

❶ 单 击 "调 整" 面
板 中 的 "色 相 / 饱 和 度"
按 钮，打 开 "色 相 / 饱
和 度" 面 板，设 置 相 关
参 数。❷ 单 击 "调 整"
面 板 中 的 "亮 度 / 对 比 度"
按 钮，打 开 "亮 度 / 对 比
度" 面 板，设 置 相 关 参 数。

 知识拓展

当设置 "不透明度" 为 100% 时，该图层下面的图像被完全覆盖；当设置 "不透明度" 为 50% 时，该
图层处于半透明状态。

★★☆☆☆ 招式 **071** 最特别的你：炫彩眼影

Q 炫彩的眼影能够让妆容更加精致，那么该如何制作炫彩眼影呢？炫彩眼影有没
有特定的颜色规定呢？

A 炫彩眼影没有固定的颜色设定，需根据妆容的主题来设定，一般在 Photoshop 中
掌握渐变及混合模式就可以随心所欲地制作出漂亮的炫彩眼影效果。

1. 设置前景色

❶ 打开本书配备资源中的 "第 5 章 \ 素材 \
招式 71\ 素材 .jpg" 项目文件。❷ 单击背景图层，
将其拖动到 "图层" 面板底部的 "创建新图层"
按钮 上，复制背景图层。❸ 选择工具箱中
的 "设置前景色" 色块，在弹出的 "拾色器（前
景色）" 对话框中设置颜色值为黑色（ #000000 ）。

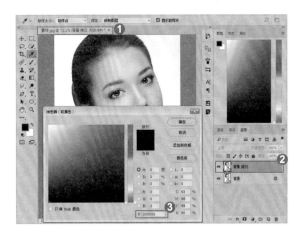

2. 制作黑色眼线

❶ 新建图层，选择工具箱中的 ✏ （画笔工具），在人物眼睛周围进行绘制。❷ 选择"滤镜"|"模糊"|"高斯模糊"命令，弹出"高斯模糊"对话框，设置相应参数，确保"图层 1"为选中状态。❸ 将其图层混合模式设置为"线性加深"，"不透明度"设置为 80%，制作黑色眼线。

3. 建立选区

❶ 选择工具箱中的 ⚲ （套索工具），在眼窝部分建立选区。❷ 单击"图层"面板底部的"创建新图层"按钮 ▢，新建"图层 2"，选择"选择"|"修改"|"羽化"命令，在弹出的"羽化选区"对话框中设置"羽化半径"为 5 像素，选择工具箱中的 ▣ （渐变工具）。

4. 添加渐变颜色

❶ 单击"渐变编辑器"，显示"渐变编辑器"对话框，设置相应的参数，给选区填充一个线性渐变。❷ 将"图层 2"的混合模式设置为"叠加"，"不透明度"设置为 80%。❸ 选择工具箱中的 ▱ （橡皮擦工具），将鼠标拖动到合适位置，单击并拖动鼠标，擦除多余的部分。

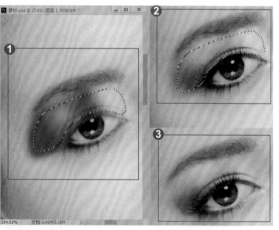

专家提示

将图层混合模式设置为"叠加"，可以更好地融入图像的色相和明度，且保留图像的颜色特征和图层的变换，产生一种很自然的色彩合成效果。在添加人物眼影的过程中大多可采用该图层混合模式。

5. 制作炫彩眼影

❶ 选择"滤镜"|"杂色"|"添加杂色"命令,弹出"添加杂色"对话框,设置相应的参数。
❷ 同样的方法,将另外一只眼睛添加炫彩眼影。

知识拓展

　　选择渐变工具 □ 后,在工具选项栏中有 5 种渐变类型。单击"线性渐变"按钮 □,可以创建以直线从起点到终点的渐变;单击"径向渐变"按钮 □,可创建以圆形图案从起点到终点的渐变;单击"角度渐变"按钮 □,可创建围绕起点以逆时针扫描方式的渐变;单击"对称渐变"按钮 □,可创建使用均衡的线性渐变在起点的任意一侧渐变;单击"菱形渐变"按钮 □,则会以菱形方式从起点向外渐变,终点定义菱形的一个角。

| 线性渐变 | 径向渐变 | 角度渐变 | 对称渐变 | 菱形渐变 |

★★★★★ 招式 072 迷人大眼:使眼睛更有朝气

Q 漂亮有神的大眼睛,可以提升人物的整体气质,那么这种眼睛效果该如何去修饰呢?

A 可以在 Photoshop 中将眼睛单独选取出来,再对眼睛进行调整,即可让眼睛更加有朝气。

1. 创建选区

❶ 打开本书配备资源中的"第5章\素材\招式72\素材.jpg"项目文件。❷ 单击背景图层，将其拖动到"图层"面板底部的"创建新图层"按钮 🖫 上，复制背景图层。❸ 选择工具箱中的 ⅋ （磁性套索工具），在工具选项栏中单击"添加到选区"按钮 🖫 ，拖动光标在眼球上创建选区。

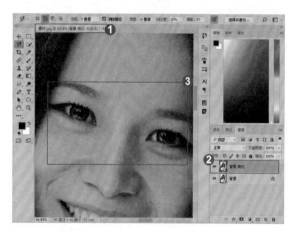

2. 设置选区

❶ 选择"选择" | "修改" | "羽化"命令，在弹出的"羽化选区"对话框中设置"羽化半径"为5像素，单击"确定"按钮，关闭对话框。❷ 选择"滤镜" | "锐化" | "USM锐化"命令，在弹出的"USM锐化"对话框中设置相关参数。

3. 调整色阶

❶ 选择"编辑" | "渐隐USM锐化"命令，弹出"渐隐"对话框，设置相应的参数。❷ 按 Ctrl+L 快捷键，打开"色阶"对话框，设置相应的参数。❸ 单击"确定"按钮，使眼睛更加有朝气。

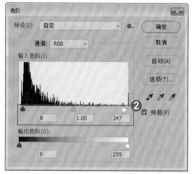

 专家提示

使用渐隐命令，需要刚执行完对应操作之后立即使用，中间不能穿插其余的操作步骤，否则渐隐命令将为灰色，不可使用。

知识拓展

　　Photoshop 渐隐命令可以更改任何滤镜、绘画工具、橡皮擦工具或颜色的不透明度与混合模式，应用渐隐命令类似在一个单独的图层上实现不透明度和混合模式的控制。选择"编辑"|渐隐命令，或按 Ctrl+Shift+F 组合键可以打开渐隐对话框，当我们执行画笔、填充、滤镜等命令后，会随着执行命令的不同，编辑菜单下面的渐隐命令也会随之发生变化。

编辑(E)		
还原画笔工具(O)	Ctrl+Z	
前进一步(W)	Shift+Ctrl+Z	
后退一步(K)	Alt+Ctrl+F	
渐隐画笔工具(D)...	Shift+Ctrl+F	

编辑(E)		
还原橡皮擦(O)	Ctrl+Z	
前进一步(W)	Shift+Ctrl+Z	
后退一步(K)	Alt+Ctrl+Z	
渐隐橡皮擦(D)...	Shift+Ctrl+F	

编辑(E)		
还原USM 锐化(O)	Ctrl+Z	
前进一步(W)	Shift+Ctrl+Z	
后退一步(K)	Alt+Ctrl+Z	
渐隐USM 锐化(D)...	Shift+Ctrl+F	

招式 073　炯炯有神：创建眼神光

Q　眼神光可以让眼睛炯炯有神，显得特别有精神，那么在 Photoshop 中该如何创建眼神光呢？

A　在 Photoshop 中可以利用画笔工具画出相应的眼神光，并加以特效，让眼神光更加自然协调。

1. 复制背景图层

　　❶ 打开本书配备资源中的"第5章\素材\招式73\素材.jpg"项目文件。❷ 单击背景图层，将其拖动到"图层"面板底部的"创建新图层"按钮 上，复制背景图层。

2. 减淡眼睛颜色

　　❶ 选择工具箱中的 （减淡工具），在减淡工具选项栏中设置"范围"为"中间调"，"曝光度"为 15%，设置前景色为黑色，将鼠标移至眼睛高光处，使用减淡工具在该处单击，即可减淡该位置的颜色。❷ 单击"图层"面板底部的"创建新图层"按钮 ，新建一个"图层 1"。

3. 提亮眼神光

❶ 选择工具箱中的 ✐（画笔工具），在其选项栏中设置"模式"为"正常"、"不透明度"为 50%，前景色设置为白色。❷ 将鼠标移至眼睛的瞳孔高光处，绘制眼神光。❸ 单击"图层 1"，将其图层混合模式设置为"柔光"，提亮眼神光。

专家提示

减淡工具主要用于改变图像的曝光度。使用该工具对图像中曝光不足的区域进行涂抹，可增加该区域图像的亮度，图像的很多细节部分将会显现出来。在使用减淡工具时，需根据图像要调整的区域设置该工具的"范围"和"曝光度"等参数。

知识拓展

画笔工具选项栏中的"流量"选项，可以用来设置当光标移动到某个区域上方时应用颜色的速率。在某个区域上方涂抹时，如果一直按住鼠标，颜色将根据流动速率增加，直至达到不透明设置。

"流量"为 100% 时的绘画效果   "流量"为 50% 时的绘画效果

★★★★★
招式 **074** 单眼皮的克星：速变立体双眼皮

Q 现实生活中可以用化妆或是整形，让单眼皮变为双眼皮，那么在 Photoshop 中如何能快速地将单眼皮变为双眼皮呢？

A 可以在需要变为双眼皮的区域创建选区，通过加深工具与减淡工具，让选区呈现出立体感觉，可以快速制作双眼皮效果。

1. 复制背景图层

❶ 打开本书配备资源中的"第 5 章\素材\招式 74\素材 .jpg"项目文件。❷ 单击背景图层，将其拖动到"图层"面板底部的"创建新图层"按钮 上，复制背景图层。

2. 绘制路径

❶ 选择"滤镜"|"液化"命令，弹出"液化"对话框，使用 （膨胀工具）在人物眼睛处单击，增大眼睛。❷ 选择工具箱中的 （钢笔工具），单击并拖曳鼠标，绘制路径。❸ 选择工具箱中的 （转换点工具），调整路径的锚点。

3. 加深颜色

❶ 切换到"路径"面板，单击"路径"面板底部的"将路径作为选区载入"按钮，载入选区。❷ 选择工具箱中的 （加深工具），在其选项栏中设置"范围"和"曝光度"，沿着绘制路径的边缘处单击并拖曳鼠标，加深图像颜色。

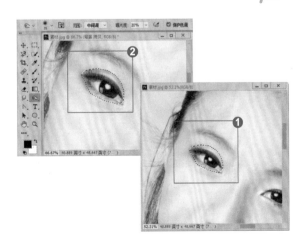

4. 制作另一双眼皮

❶ 选择工具箱中的 （橡皮擦工具），选择一个柔角笔触，降低不透明度，在制作好的双眼皮上涂抹，擦除不均匀区域。❷ 同上述操作方法，制作另一只眼睛的双眼皮效果。

知识拓展

使用钢笔工具绘制路径时，按住 Shift 键可以强制路径方向线成水平、垂直或 45° 角；按住 Ctrl 键可暂时切换到路径选区工具；按住 Alt 键用钢笔工具在黑色瞄点上单击可以改变方向线的方向，使曲线能够转折；按住 Alt 键用"路径选择工具"单击路径会选取整个路径；若要同时选取多个路径再按住 Shift 键后逐个单击。

★★★★★ 招式 075 轻松修炼电眼：锐化眼睛让人物更有活力

Q 清晰锐利的眼睛可直接传递出人物真实的情感，显得活力十足，让画面更具感染力，那后期该如何处理让眼睛变得清晰呢？

A 在后期处理中，可以利用锐化工具在模糊的眼睛区域进行处理，并结合图层混合模式，让眼睛变得更加清晰明亮。

1. 复制图层

❶ 打开本书配备资源中的"第 5 章\素材\招式 75\ 素材 .jpg，"项目文件。❷ 单击背景图层，将其拖动到"图层"面板底部的"创建新图层"按钮 上，复制背景图层。

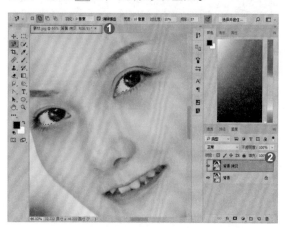

2. 锐化眼睛

❶ 选择工具箱中的 （锐化工具），在其工具选项栏中设置"强度"为 50%。❷ 使用该工具在画面中人物眼球上涂抹，锐化图像，让眼睛更加清澈明亮。

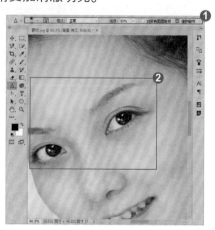

3. 设置阈值

❶ 选择工具箱中的 ⬭（椭圆选框工具）。在人物眼球区域单击并拖曳，绘制椭圆选区。❷ 按 Ctrl+J 快捷键复制图层，选择"图像"|"调整"|"阈值"命令，在弹出的"阈值"对话框中调整阈值色阶参数。

4. 设置混合模式

❶ 设置图层 1 的混合模式为"柔光"、不透明度为 40%。❷ 设置后可以看到人物眼睛更加清晰，展现出黑白分明的眼睛，凸显出女性的灵动。

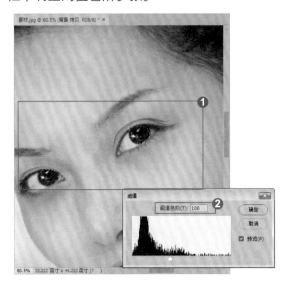

知识拓展

锐化工具可以增强图像中相邻像素之间的对比，提高图像的清晰度，使用该工具反复涂抹同一区域，则会造成图像失真。

- 画笔：可以选择一个笔尖，锐化区域的大小取决于画笔的大小。
- 模式：用来设置工具的混合模式。
- 强度：用来设置工具的强度。
- 对所有图层取样：如果文档中包含了多个图层，选中该复选框，表示将对所有可见图层中的数据进行处理；取消该复选框的选中，则只处理当前图层中的数据。

招式 **076** 不做小白兔：消除眼球红血丝

Q 眼睛区域中经常会出现明显的红血丝效果，让眼神显得疲惫，后期处理中可以去除红血丝吗？

A 在后期处理中，可以通过可选颜色对眼睛的颜色进行调整，然后使用海绵工具降低红血丝的饱和度，展现迷人大眼睛。

1. 复制图层

❶ 打开本书配备资源中的"第 5 章 \ 素材 \ 招式 76 \ 素材 .jpg"项目文件。❷ 单击背景图层，将其拖动到"图层"面板底部的"创建新图层"按钮 上，复制背景图层。

3. 去除红色饱和度

❶ 载入"选取颜色 1"图层蒙版为选区，创建"色阶"调整图层，在弹出的"色阶"面板中拖动各个滑块位置,调整眼球区域的明暗对比度。❷ 选择工具箱中的 （海绵工具），设置工具选项栏中的"模式"为"去色"、"流量"为 30%，单击"背景"图层，在人物眼白处涂抹，去除红色。

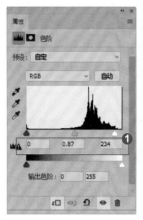

2. 调整颜色

❶ 单击"图层"面板底部的"创建新的填充或调整图层"按钮 ，创建"可选颜色"调整图层，在"颜色"下拉列表框中选择"红色"、"黄色"选项并设置相应参数。❷ 在"图层"面板的"选取颜色 1"图层蒙版缩略图上，为蒙版填充黑色，遮盖调整图层效果。❸ 选择工具箱中的 （画笔工具），设置前景色为白色，不透明度为 50%，在眼球区域进行涂抹。

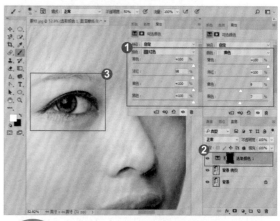

专家提示

创建调整图层时，如果图像中有选区，则选区会转换到填充图层的蒙版中，使填充图层只影响选中的图像。

知识拓展

海绵工具可以修改色彩的饱和度。选择该工具后，在画面上单击并拖动鼠标涂抹即可进行处理。在海绵工具选项栏中，"画笔"和"喷枪"与加深和减淡工具相同。

● 模式：如果要增加色彩的饱和度，可以选择"加色"选项；如果要降低饱和度，则选择"降低饱和度"选项。

● 流量：可以为海绵工具指定流量。该值越高，工具的强度越大，效果越明显。

● 自然饱和度：选择该项，可以在增加饱和度时，防止颜色过度饱和而出现溢色。

★★☆☆☆ 招式 077　红眼不可怕：去除红眼

Q 在使用红眼工具去除红眼时，为什么有些图像却不能使用该工具呢？

A 当图像颜色模式为 CMYK 时，红眼工具会被禁用，选择该工具时，会显示禁止使用，必须将图像的颜色转换为 RGB 模式才能使用。

1. 复制图层

❶ 打开本书配备资源中的"第 5 章\ 素材\ 招式 77\ 素材 .jpg"项目文件。❷ 单击背景图层，将其拖动到"图层"面板底部的 ▣（创建新图层）按钮上，复制背景图层。

2. 去除红眼

❶ 选择工具箱中的 ⊡（红眼工具），在其选项栏中设置"瞳孔大小"和"变暗量"为 50%，并使用红眼工具在两只眼睛上单击并拖曳。❷ 单击"背景 拷贝"图层，选择"图像" | "调整" | "亮度 / 对比度"命令，弹出"亮度 / 对比度"对话框，设置相应参数，单击"确定"按钮关闭对话框。

📖 知识拓展

　　在使用红眼工具时，注意根据图像的不同效果，设置"瞳孔大小"和"变暗量"的参数，其中"瞳孔大小"决定了瞳孔的深度，而"变暗量"决定了瞳孔颜色的暗度。

- 瞳孔大小：可设置瞳孔（眼睛暗色中心）的大小。
- 变暗量：用来设置瞳孔的宽度。

招式 078 大眼不是梦：让眼睛变大

Q 要将小眼睛的人像照片展现出大而明亮的眼睛效果，在后期该如何处理呢？

A 可在照片后期编辑中利用 Photoshop 的液化滤镜命令，在眼睛边缘推动进行变形处理，使大而明亮的眼睛增加人物的神采。

1. 复制图层

❶ 打开本书配备资源中的"第 5 章 \ 素材 \ 招式 78\ 素材 .jpg"项目文件。❷ 单击背景图层，将其拖动到"图层"面板底部的"创建新图层"按钮 ᴼ 上，复制背景图层。

2. 液化

❶ 选择"滤镜" | "液化"命令，弹出"液化"对话框，在左侧工具选项栏中选择膨胀工具 ⬦。❷ 在右侧参数面板中，设置画笔参数。❸ 用膨胀工具 ⬦ 在人物眼睛边缘处推动，使眼睛变大。

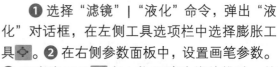

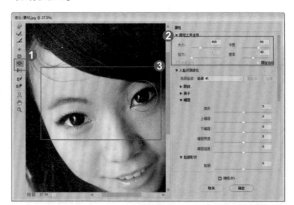

3. 去除脸上瑕疵

❶ 单击调整面板中的"亮度 / 对比度"按钮，打开"亮度 / 对比度"面板，设置相关参数。❷ 选择拷贝的背景图层，再选择工具箱中的 ⬚（修复画笔工具），按住 Alt 键单击眼部平滑部分进行取样，将鼠标拖动至痘痘的位置，即可将取样周围的图像应用在要修复的皮肤上，去除脸上瑕疵。

专家提示

在使用液化滤镜中的膨胀工具对图像进行调整时，其"画笔大小"的数值不能太大，否则所设置的图像区域将大部分扭曲，从而缺乏真实性。

知识拓展

放大人物眼睛，除了使用"液化"命令液化人物眼睛外，还可以通过快捷键的配合，在变化眼睛大小时进行等比例的缩放操作。❶ 可以先在眼睛上创建选区，拷贝图像，按 Ctrl+T 快捷键显示定界框。❷ 按住 Shift 键的同时，使用鼠标拖曳边框角点，即可等比例地缩放图像。❸ 按住 Shift+Alt 快捷键，可以从中心等比例缩放，变换操作后，让变大的眼睛比例正常，左右两边也更对称。

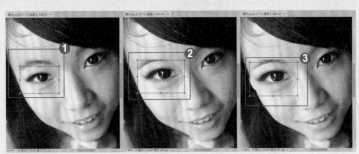

★★★★★ 招式 079　为眼睛添加多彩美瞳

Q 在拍摄艺术照片时，漂亮的美瞳让照片具有独特的效果，那如果没戴美瞳，该如何为照片添加美瞳？

A 可通过画笔工具在眼睛上填色，更改混合模式，调整眼睛的明暗对比效果，使画面效果更和谐。

1. 复制图层

❶ 打开本书配备资源中的"第 5 章 \ 素材 \ 招式 79 \ 素材 .jpg"项目文件。❷ 单击背景图层，将其拖动到"图层"面板底部的"创建新图层"按钮 🖿 上，复制背景图层。

2. 编辑快速蒙版

❶ 单击工具箱中的"以快速蒙版模式编辑"按钮，选择工具箱中的 ✒.（画笔工具），在人物的眼睛处涂抹。❷ 切换到通道面板，单击工具箱中的 ▣（以标准模式编辑）按钮，退出快速蒙版。

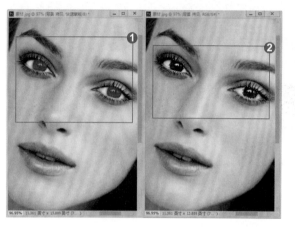

3. 创建图层

❶ 选择"选择"|"反向"命令，将选中的选区进行反向。❷ 单击工具箱中的"设置前景色"色块，弹出"拾色器（前景色）"对话框，设置蓝色（#0392a8），单击"确定"按钮。❸ 单击"图层"面板底部的"创建新图层"按钮 🗔，创建一个新图层。

4. 填充颜色

❶ 确保"图层1"为选中状态，使用画笔工具在所建立的选区上单击鼠标，填充颜色。❷ 单击"图层1"图层，将其图层混合模式设置为"叠加"。

5. 擦除多余内容

❶ 选择工具箱中的 ✐.（橡皮擦工具），在人物眼白和眼珠的交界处单击鼠标，擦除多余部分的图像。❷ 同理，使用橡皮擦工具擦除另外一只眼睛多余部分的图像，完成为眼睛添加多彩美瞳的制作。

知识拓展

在快速蒙版模式中编辑是通过使用画笔工具在选中的位置上进行涂抹，从而快速地在图像上建立选区并进行调整。但是，在进入以快速蒙版模式编辑状态前，必须按 D 键恢复默认的前景色和背景色，才能使用画笔工具涂抹。

招式 080 哇，好浓密啊：增强睫毛效果

Q 浓密的睫毛会让眼睛显得大而有神，对于睫毛较少的人像照片，该如何处理呢？

A 在后期处理中，可以根据睫毛的走势，运用画笔工具添加合适的睫毛，展现出长而浓的漂亮睫毛效果。

1.复制图层

❶ 打开本书配备资源中的"第 5 章 \ 素材 \ 招式 80\ 素材 .jpg"项目文件。❷ 按 Ctrl+J 快捷键，在"图层"面板中复制"背景"图层，得到"图层 1"。❸ 选择工具箱中的 （画笔工具），单击其选项栏右侧的"切换画笔面板"按钮，在弹出的面板中选中"沙丘草"画笔。

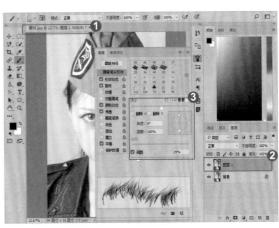

2.设置画笔工具

❶ 单击"画笔笔尖形状"选项，取消选中"画笔预设"下的所有选项，在"画笔"面板中设置画笔笔尖的大小、角度等各项参数。❷ 新建图层，将画笔移至人物眼部位置单击鼠标。❸ 由于睫毛的长短和角度不一致，可根据个人审美和喜好不断在"画笔"面板中调整"间距"和"角度"的参数，添加眼睛睫毛。

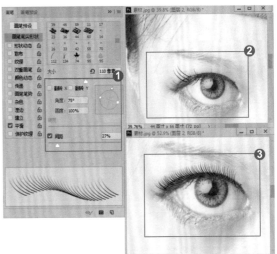

3. 创建图层

❶ 单击"图层 1"图层,将其"不透明度"设置为 80%。❷ 单击"图层"面板底部的"创建新图层"按钮,创建一个新的图层,❸ 在"画笔"面板中调整"间距"和"角度"的参数。

4. 调整亮度 / 对比度

❶ 与前面添加睫毛的方法相同,不断调整画笔的"间距"和"角度"等参数,为另一只眼睛添加睫毛,设置其"不透明度"为 80%。❷ 按 Ctrl+Shift+G 组合键盖印图层,按 Shift+Ctrl+L 组合键,自动调整图像色调,选择"图像"|"调整"|"亮度 / 对比度"命令,打开"亮度 / 对比度"对话框,设置相应参数。

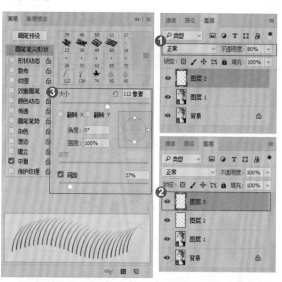

知识拓展

增强睫毛效果,除了用画笔工具手绘睫毛外,还可以载入睫毛笔刷,在眼睛上直接绘制睫毛,再根据睫毛方向变形睫毛,让添加的睫毛更自然、真实。

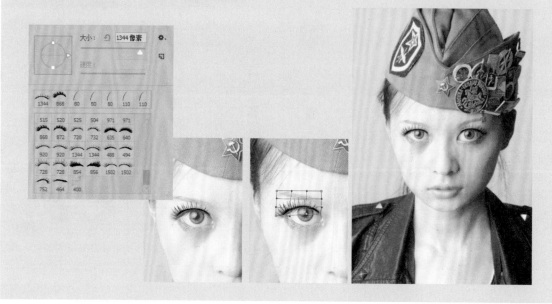

★★★★★ 招式 081 异域风情：为睫毛添加彩色

Q 多彩的睫毛可以为照片增加异域风情的味道，那在后期处理中该如何为睫毛添加彩色呢？

A 在后期处理时，为睫毛添加选区，在选区内填充渐变，更改混合模式，可以制作出绚丽多彩的睫毛。

1. 复制图层

❶ 打开本书配备资源中的"第 5 章 \ 素材 \ 招式 81 \ 素材 .jpg"项目文件。❷ 单击背景图层，将其拖动到"图层"面板底部的 ▣（创建新图层）按钮上，复制背景图层。

2. 创建选区

❶ 选择工具箱中的 ▨（磁性套索工具），在工具选项栏中单击"添加到选区"按钮 ▣，拖动光标在睫毛上创建选区。❷ 选择"选择"|"修改"|"羽化"命令，在弹出的"羽化选区"对话框中设置"羽化半径"为 5 像素，按 Ctrl+J 快捷键拷贝选区的内容至新的图层中。

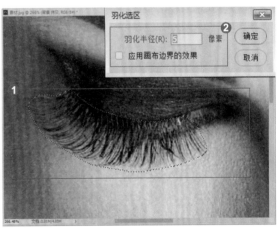

3. 调整色阶

❶ 按住 Alt 键，单击"图层 1"前面的眼睛按钮，显示该图层，隐藏其他图层。❷ 切换到"通道"面板，单击"红"通道，将"红"通道拖到"通道"面板底部的"创建新通道"按钮 ▣ 上，创建一个"红拷贝"通道。❸ 选择"图像"|"调整"|"色阶"命令，在弹出的"色阶"面板中，设置相应参数。

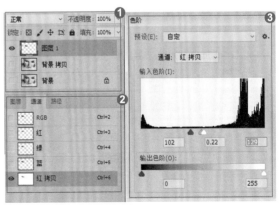

4. 填充颜色

❶ 载入并反选选区，切换到"图层"面板，选择工具箱中的 ▢（渐变工具），单击"渐变编辑器"按钮，设置彩虹渐变，为选区填充一个线性渐变。❷ 将"图层 1"的图层混合模式设置为"叠加"，将不透明度设置为 50%，按 Ctrl+D 快捷键取消选区。

5. 绘制另一只眼睛的睫毛

同上述绘制多彩睫毛的操作方法，绘制另一只睫毛，将其混合模式设置为"叠加"，将不透明度设置为 50%。

专家提示

按 Alt+Delete 快捷键可以快速填充前景色；按 Ctrl+Delete 快捷键可以快速填充背景色。

知识拓展

在"渐变编辑器"对话框中，渐变类型包括"实底"渐变、"杂色"渐变以及"透明"渐变。❶ "实底"渐变可以创建实色的渐变，从一种颜色过渡到另一种颜色的渐变。❷ "杂色"渐变包含了指定范围内随机分布的颜色，它的颜色变化效果更加丰富。❸ "透明"渐变是指包含透明像素的渐变。

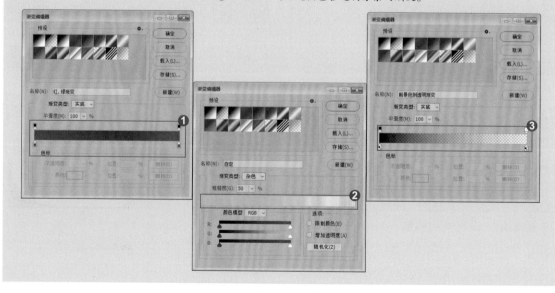

★★★★★ 招式 082 眉形任我变：修出漂亮眉形

Q 漂亮的眉形可以让人物眼睛区域更显完整，产生更加专业的效果，那漂亮的眉形该如何进行修饰呢？

A 在后期处理中对于较浅的眉形，可以先将其加深，再进行修饰；若只是无眉形，可直接用仿制图章工具对其塑形。

1. 复制图层

❶ 打开本书配备资源中的"第 5 章 \ 素材 \ 招式 82\ 素材 .jpg"项目文件。❷ 单击背景图层，将其拖动到"图层"面板底部的"创建新图层"按钮 上，复制背景图层。

2. 绘制路径

❶ 选择工具箱中的 （钢笔工具），设置工具模式为"路径"，"路径操作"为"合并形状"。❷ 在眉毛处创建路径，按 Ctrl+Enter 快捷键将路径转换为选区，并羽化 3 个像素。

3. 设置混合模式

❶ 按 Ctrl+J 快捷键复制选区的内容至新的图层中，设置图层的混合模式为"正片叠底"，加深眉毛的浓度。❷ 再次复制图层，设置其图层的"不透明度"为 50%，让眉毛颜色更加浓。

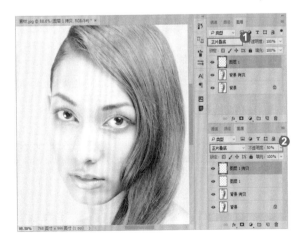

4. 擦除多余眉毛

❶ 选择工具箱中的 （橡皮擦工具），设置工具选项栏中的"不透明度"为 20%。❷ 使用柔角笔刷在两个复制的图层上涂抹，擦除不自然的眉形。

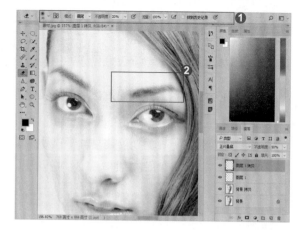

5. 擦拭多余部分

❶ 在"路径"面板中单击"工作路径"，显示路径，转换为选区。❷ 按 Ctrl+Shift+I 组合键反选选区。选择工具箱中的 （仿制图章工具），在眉毛边缘处按住 Alt 键单击取样。❸ 释放 Alt 键在眉毛边缘处涂抹，去除多余的眉毛。

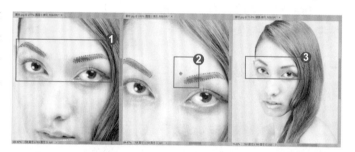

专家提示

使用"建立选区"命令将路径转换为选区时，可在转换路径的同时设置羽化范围；使用快捷键或是单击"将路径作为选区载入"按钮 转换选区时，需将路径转换后再设置羽化范围。

知识拓展

在图像中创建路径后，单击鼠标右键，❶ 在弹出的快捷菜单中选择"建立选区"命令，或是按 Ctrl+Enter 快捷键，可将路径转换为选区；❷ 单击"路径"面板底部的"将路径作为选区载入"按钮 ，也可将路径转换为选区。

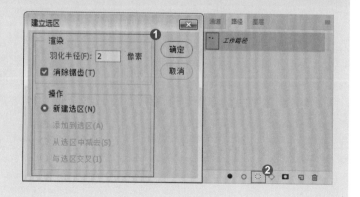

★☆★★★☆
招式 083　拥有帅气的眉毛：打造浓眉大眼

Q 浓眉大眼可以突显整个人物的气质与活力，如果眼睛与眉毛对比不强烈，就会缺乏朝气，那浓眉大眼该如何打造呢？

A 在后期处理中，可以增强眼睛与眉毛的对比，展现出青春人物的活力与朝气。

1.复制图层

❶ 打开本书配备资源中的"第5章\素材\招式83\素材.jpg"项目文件。❷ 单击背景图层，将其拖动到"图层"面板底部的"创建新图层"按钮 ▣ 上，复制背景图层。

2.增大眼睛

❶ 选择"滤镜"|"液化"命令，弹出"液化"对话框，在左侧工具栏中选择膨胀工具 ◈。❷ 在右侧参数面板中设置画笔的参数。❸ 将光标放在眼睛位置，单击将放大人物的眼睛。

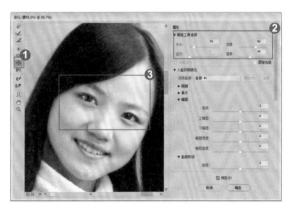

3.锐化眼睛

❶ 选择工具箱中的 △ （锐化工具），设置工具选项栏中的"模式"为"正常"、"强度"为50%。❷ 在人物眼睛处涂抹，锐化眼睛，增强对比度。

 知识拓展

　　创建选区后，选择"视图"|"显示"|"选区边缘"命令，或按下Ctrl+H快捷键可以隐藏选区。如果用画笔绘制边缘的图像，或者对选中的图像应用滤镜，将选区隐藏后，可以更加清楚地看到选区边缘图像的变化情况。需要注意的是，在操作时选区虽然看不见了，但它仍然存在，并限定了我们的有效区域。需要重新显示选区时，按下Ctrl+H快捷键即可。

4. 绘制选区

❶ 拷贝图层，选择工具箱中的 （椭圆选框工具），在选项栏中单击"从选区减去"按钮。❷ 使用鼠标在眼球边缘绘制一个椭圆选区，再绘制一个椭圆选区，减去重叠区域，保留月牙选区。

5. 创建眉毛选区

❶ 新建图层，填充白色，设置图层的混合模式为"柔光"、"不透明度"为80%，按Ctrl+J快捷键拷贝眼神光，放置在另一眼球内。❷ 选择工具箱中的（钢笔工具），绘制出眉毛路径，转换为选区。

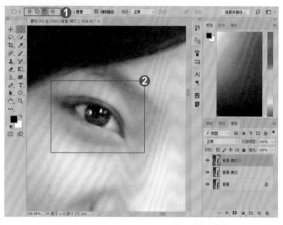

6. 修饰眉型

羽化5个像素。选择"背景拷贝2"图层，使用仿制图章工具涂抹出眉型。

★★☆☆☆
招式 **084** 睁眼看世界：将闭着的眼睛睁开

Q 如果想将闭着的眼睛睁开，该如何处理呢？

A 可以选择一张眼睛睁开的图像，将眼睛区域进行替换就可以了。

1. 创建选区

❶ 打开本书配备资源中的"第 5 章 \ 素材 \ 招式 84\ 素材 1.jpg"项目文件。❷ 再次打开本书配备资源中的"第 5 章 \ 素材 \ 招式 84\ 素材 2.jpg"项目文件。❸ 选择工具箱中的 📐（多边形套索工具），单击并拖曳鼠标，创建选区。

2. 移动图像素材

❶ 选择工具箱中的 ✛.（移动工具），将创建的选区拖动到素材 1 上，将拖曳至素材 1 的选区调整至页面合适位置，按 Ctrl+T 快捷键，显示定界框，按住 Shift 键将该图形等比例放大，拖曳到合适位置。❷ 选中"图层 1"图层，将其不透明度设置为 80%。

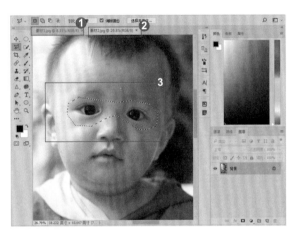

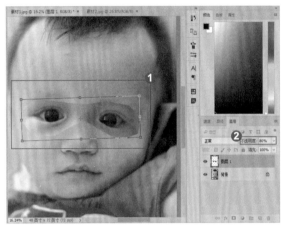

3. 添加图层蒙版

❶ 单击"图层"面板底部的 "添加图层蒙版"按钮 ▣，为该图层添加蒙版。❷ 选择工具箱中的 🖌（画笔工具），在其选项栏中设置画笔的大小、不透明度等参数，单击并拖曳鼠标，擦除不需要的部分。

4. 调整眼睛颜色

❶ 选择眼睛图层，选择"图像"|"调整"|"色相 / 饱和度"命令，在弹出的"色相 / 饱和度"对话框中设置相应的参数，设置完后单击"确定"按钮。❷ 选择"图像"|"调整"|"亮度 / 对比度"命令，在弹出的"亮度 / 对比度"对话框中设置相应的参数，设置完后单击"确定"按钮。

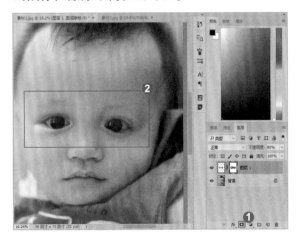

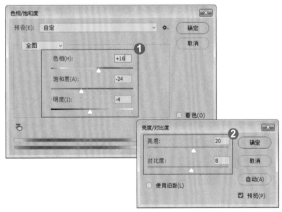

5. 让眼睛融合自然

选择蒙版，继续使用黑色的画笔工具，在眼睛处涂抹，让眼睛融合自然，并更改其不透明度为 100%。

 知识拓展

在进行图像处理时，"图层"面板上会新建许多图层，如果这个时候需要查看最初图像该怎么做呢？大多数的人估计会在"历史记录"面板中单击"打开"，回到最初始状态。其实不需要这么复杂的操作方法，只要在"图层"面板中按住 Alt 键的同时单击"背景"图层前面的"眼睛"图标，即可快速查看图像。

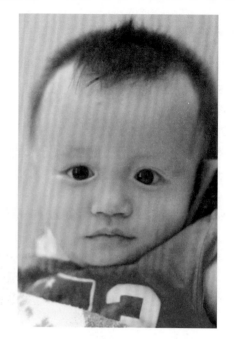

6

第 6 章

极致魅惑之唇部处理

对于一张人像照片，嘴唇的处理是十分重要的，漂亮的嘴唇，可以体现一个女人的美丽、性感、成熟、高贵；也可以表现一个男人的英俊、帅气和洒脱，并且漂亮的唇色会让人看起来更加漂亮。在Photoshop 中处理人物的嘴唇时，一般都需要先将嘴唇部分建立一个选区，再通过其他工具对嘴唇进行不同的处理，即可以到不同的效果。

★★★★★
招式 085 不要歪嘴：打造漂亮嘴型

Q 拍摄照片后人物的嘴角有点歪，用 Photoshop 修复歪嘴是如何操作的呢？

A 在 Photoshop 中可以使用"滤镜"中的"液化"功能，调整合适的笔触就可以修复歪嘴，打造出漂亮的嘴型。

1. 打开图像素材

❶ 打开本书配备资源中的"第 6 章\素材\招式 85\照片.jpg"项目文件。❷ 按 Ctrl+J 快捷键复制一个图层。

2. 液化

❶ 在菜单栏中选择"滤镜"|"液化"命令。❷ 弹出"液化"对话框，在"液化"对话框的左侧工具栏中选择缩放 （缩放工具）。❸ 在图像上单击，放大嘴唇部分。

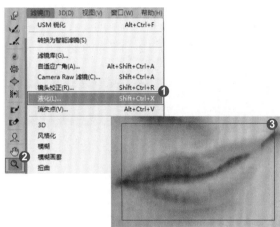

3. 调整嘴型

❶ 在"液化"对话框的左侧工具栏中选择 （向前变形工具）。❷ 设置右侧"属性"选项组中的画笔参数。❸ 在图像上按住鼠标左键推动，调整嘴型，完成后单击"确定"按钮。

知识拓展

　　"液化"滤镜是修饰图像和创建艺术效果的强大工具，其使用方法简单，但功能却非常强大，能创建推拉、扭曲、旋转、收缩等变形效果，可以用来修改图像的任意区域。选择"滤镜"|"液化"命令，或按 Ctrl+Shift+X 组合键，可以打开"液化"对话框，该对话框中包含了该滤镜的工具、参数控制选项和图像预览与操作窗口。

工具

图像预览与操作窗口

参数控制选项

招式 086 匹配你的脸型：打造樱桃小嘴

★★☆☆☆

Q　对于嘴唇大而厚的照片，能不能用 Photoshop 处理，把嘴唇变得小一点、薄一点呢？

A　在 Photoshop 中，可以将嘴唇部分建立选区，再使用"滤镜"中的"挤压"功能，调节参数，嘴唇就可以变小、变薄了。

1. 打开图像素材

❶ 打开本书配备资源中的"第 6 章 \ 素材 \ 招式 86\ 照片 .jpg"项目文件。❷ 按 Ctrl+J 快捷键复制一个图层。

2. 缩放图像

❶ 按 Z 键，选择工具箱中的 🔍（缩放工具）。❷ 在图像上单击，把图像放大到嘴唇部分。

3. 创建选区 --------------------------

❶ 选择工具箱中的 ◯（套索工具）。
❷ 在图像上把嘴唇部分圈出来，建立选区。
❸ 在工具选项栏中设置"羽化"参数。

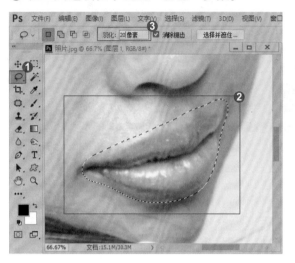

4. 扭曲滤镜 --------------------------

❶ 在菜单栏中选择"滤镜"|"扭曲"|"挤压"命令。❷ 弹出"挤压"对话框，设置"数量"参数，单击"确定"按钮。❸ 按 Ctrl+D 快捷键取消选区，嘴唇将变薄、变小。

知识拓展

　　"挤压"滤镜可以将整个图像或选区内的图像向内或向外挤压。在"挤压"对话框中：❶ "数量"选项用于控制挤压程度，该值为负时，图像向外凸出；❷ 该值为正时，图像向内凹陷。

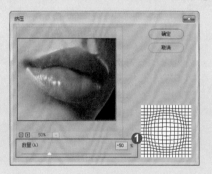
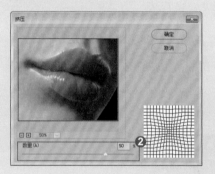

★★☆☆☆
招式 **087** 完美彩妆：涂出炫彩唇彩

Q 对于素颜拍照的美女，可不可以用 Photoshop 给人像照片进行处理，涂出炫彩的唇彩效果呢？

A 在 Photoshop 中可以使用画笔工具，设置唇彩颜色，将图层模式设置为"颜色"，调整"不透明度"，很简单的几个步骤就可以给人物涂抹出炫彩的唇彩了。

1. 打开图像素材

❶ 打开本书配备资源中的"第 6 章 \ 素材 \ 招式 87\ 照片 .jpg"项目文件。❷ 按 Ctrl+J 快捷键复制一个图层。

2. 缩放图像

❶ 按 Z 键，选择工具箱中的 🔍（缩放工具）。❷ 在图像上单击，把图像放大到嘴唇部分。❸ 选择工具箱中的 ▣（以快速蒙版模式编辑），进入快速蒙版编辑模式。

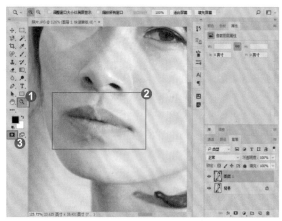

3. 创建选区

❶ 按 B 键，选择工具箱中的 ✏（画笔工具），在人物嘴唇部位进行涂抹。❷ 选择工具箱中的 ▣（以标准模式编辑），退出快速蒙版模式，红色区域以外显示选区。❸ 按 Ctrl+Shift+I 组合键反选选区，只选中嘴唇区域。

4. 调整嘴唇色彩

❶ 单击"图层"面板底部的"创建新的填充或调整图层"按钮 ◑，创建"色彩平衡"调整图层，调整嘴唇颜色。❷ 载入选区，创建"色相 / 饱和度"调整图层，设置相应参数，拖动饱和度滑块，增加嘴唇的饱和度。❸ 选择工具箱中的 ✏（画笔工具），设置前景色为白色，适当降低画笔的不透明度，再调整图层的蒙版区域图层，柔和嘴唇唇彩。

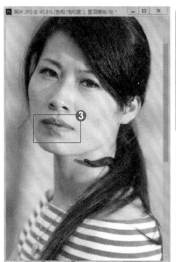

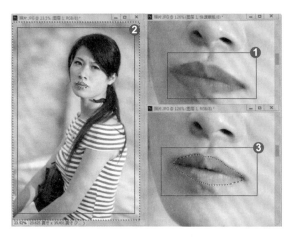

 知识拓展

　　快速蒙版是一种选区转换工具，它能将选区转换成为一种临时的蒙版图像，这样就能用画笔、滤镜、钢笔等工具编辑蒙版，之后再将蒙版转换为选区，从而实现编辑选区的目的。选区形态的转换就好像是水变冰，由液态变成了固态，对其雕琢、加工之后，还可以由冰变为水。

招式 088 果冻的味道：诱人双唇

Q 果冻唇看起来水嘟嘟的特别有光泽，怎样用 Photoshop 将人物嘴唇处理成诱人的果冻唇呢？

A 在 Photoshop 中，将人物的嘴唇建立选区，给嘴唇进行磨皮处理，再用"色彩平衡"命令调整颜色，最后添加高光。

1. 打开图像素材

　　❶ 打开本书配备资源中的"第 6 章 \ 素材 \ 招式 88\ 照片 .jpg"项目文件。❷ 按 Ctrl+J 快捷键复制一个图层。

2. 绘制嘴唇路径

　　❶ 按 P 键，选择工具箱中的 （钢笔工具）。❷ 在图像上勾勒出唇部。❸ 单击鼠标右键，从弹出的快捷菜单中选择"建立选区"命令，弹出"建立选区"对话框，设置羽化参数，单击"确定"按钮。

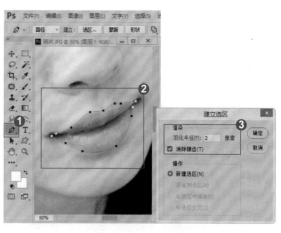

专家提示

　　直线的绘制方法比较简单，在操作时只能单击，不要拖动鼠标，否则将创建曲线路径。如果要绘制水平、垂直或 45 度角为增量的直线，可以按住 Shift 键进行操作。

3. 模糊唇部纹理

❶ 按 Ctrl+J 快捷键复制图层。❷ 在菜单栏中选择"滤镜"|"模糊"|"高斯模糊"命令。❸ 弹出"高斯模糊"对话框，设置参数，单击"确定"按钮。

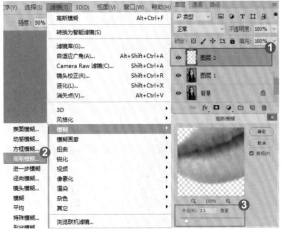

4. 涂抹唇部纹理

❶ 按住 Alt 键单击"图层"面板底部的"创建矢量蒙版"按钮，为图层添加蒙版。❷ 选择工具箱中的（涂抹工具）。❸ 设置前景色为白色，在嘴唇上涂抹掉噪点。

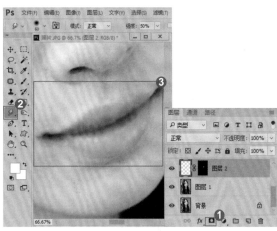

5. 调整色彩平衡

❶ 按 Ctrl+J 快捷键复制图层。❷ 在菜单栏中选择"图像"|"调整"|"色彩平衡"命令。❸ 弹出"色彩平衡"对话框，拖动滑块，调节参数，单击"确定"按钮。

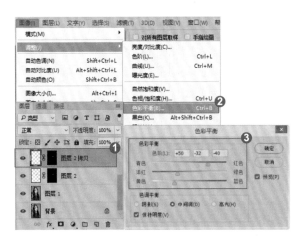

6. 制作唇线

❶ 单击"图层"面板底部的"创建新图层"按钮，新建一个图层。❷ 在"路径"面板中选择路径，设置画笔大小为5，前景色为白色，单击面板底部的"用画笔描边路径"按钮。❸ 给嘴唇的边缘描边。

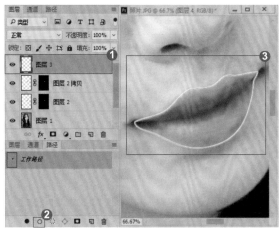

7. 渐隐唇线

❶将图层模式更改为"柔光"。❷按 E 键，选择工具箱中的 <u>■</u>（橡皮擦工具）。❸ 在图像上擦除部分描边，留下嘴唇高光。

8. 制作唇彩高光

❶单击"图层"面板底部的"创建新图层"按钮 🔲，新建一个图层。❷按 P 键，选择工具箱中的 <u>■</u>（钢笔工具），在嘴唇上绘制高光路径，填充描边。❸诱人双唇制作完成效果。

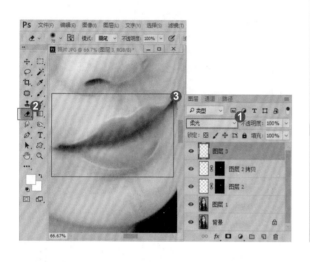

知识拓展

选择工具箱中的 <u>■</u>（钢笔工具），在工具选项栏中选择"路径"选项。❶将光标移至画面中，当光标变为 <u>■</u> 状时，单击可创建一个锚点。❷放开鼠标按键，将光标移至下一位置处单击，创建第二个锚点，两个锚点会连接成一条由角点定义的直线路径。❸在其他区域单击可继续绘制直线路径。❹将光标放在路径的起点，当光标变为 <u>■</u> 状时，单击即可闭合路径。

专家提示

在绘制矩形、圆形、多边形、直线和自定义形状时，创建形状的过程中按下键盘中的空格键并拖动鼠标，可以移动形状。

招式 089 也许这个颜色更适合：调整唇膏色彩

Q 想知道自己更加适合什么颜色的唇膏，可以在 Photoshop 中调整唇膏色彩，那么如何在 Photoshop 中快速调整唇膏色彩呢？

A 在 Photoshop 中，先将嘴唇建立选区，再使用"色相/饱和度"命令，调节参数，就可以对唇膏色彩进行调整。

1. 打开图像素材

❶ 打开本书配备资源中的"第 6 章 \ 素材 \ 招式 89\ 照片 .jpg"项目文件。❷ 按 Ctrl+J 快捷键复制一个图层。

2. 缩放图像

❶ 按 Z 键，选择工具箱中的 🔍（缩放工具）。❷ 在图像上单击，把图像放大到嘴唇部分。

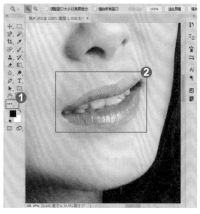

3. 创建路径

❶ 按 P 键，选择工具箱中的 ✐（钢笔工具）。❷ 在图像上勾勒出唇部。❸ 用鼠标右键单击，从弹出的快捷菜单中选择"建立选区"命令，弹出"建立选区"对话框，设置羽化参数，单击"确定"按钮。

4. 调整唇彩颜色

❶ 单击"图层"面板底部的"创建新的填充或调整图层"按钮 ◑，选择"色相/饱和度"命令，创建"色相/饱和度"调整图层。❷ 拖动滑块，调节参数。❸ 调整唇膏色彩完成效果。

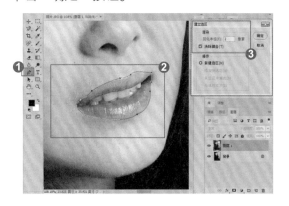

知识拓展

选择钢笔工具，在工具选项栏中单击自定形状右侧的按钮，❶ 打开下拉面板，选中"橡皮带"复选框。❷ 在绘制路径时，可以预先看到将要创建的路径段，从而判断出路径的走向。

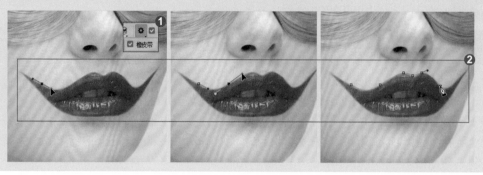

招式 090 干燥，快走：滋润双唇

Q 有时候天气太干燥，拍出来的照片嘴唇都开裂了，那么如何通过 Photoshop 滋润双唇呢？

A 在 Photoshop 中，使用仿制图章工具填补干裂的嘴唇，再用"色相/饱和度"命令调整嘴唇的滋润度。

1. 打开图像素材

❶ 打开本书配备资源中的"第 6 章\素材\招式 90\照片.jpg"项目文件。❷ 按 Ctrl+J 快捷键复制一个图层。

2. 缩放图像

❶ 按 Z 键，选择工具箱中的 （缩放工具）。❷ 在图像上单击，把图像放大到嘴唇部分。

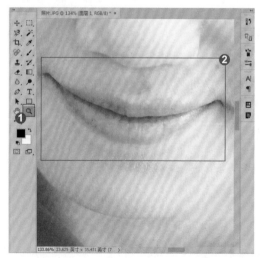

3. 去除嘴唇死皮

❶ 按 S 键，选择工具箱中的 🖊 （仿制图章工具）。❷ 按住 Alt 键的同时在图像上单击取样完好的嘴唇皮肤，释放 Alt 键在图像上单击填补干裂的嘴唇。

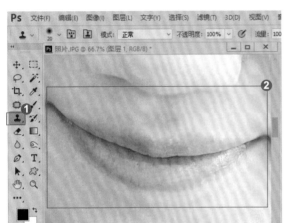

5. 调整嘴唇颜色

❶ 单击"图层"面板底部的"创建新的填充或调整图层"按钮 ⬤ ，选择"色相 / 饱和度"命令，创建"色相 / 饱和度"调整图层。❷ 拖动滑块，调节参数。❸ 干燥的嘴唇处理成滋润的完成效果。

4. 创建选区

❶ 选择工具箱中的 ◯ （套索工具）。❷ 设置工具选项栏中的"羽化"参数为 3 像素。❸ 在人物嘴唇处创建选区。

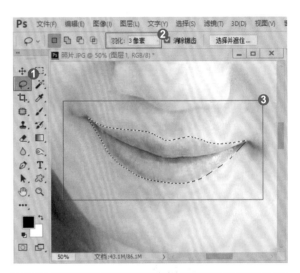

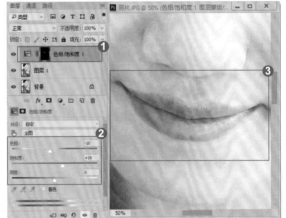

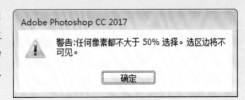

知识拓展

如果创建的选区较小而羽化半径设置得较大，就会弹出一个羽化警告对话框。单击"确定"按钮，表示确认当前设置的羽化半径，这时选区可能变得非常模糊，以至于在画面中看不到，但选区仍存在。如果不想出现该警告对话框，应减少羽化半径或增大选区范围。

Adobe Photoshop CC 2017

⚠ 警告: 任何像素都不大于 50% 选择。选区边将不可见。

确定

★★★☆☆

招式 091 性感珠光唇彩：添加珠光唇彩

Q 珠光唇彩像闪着星星的光彩，特别是在舞会的灯光下更显得璀璨夺目，那么在 Photoshop 中怎样给嘴唇添加性感的珠光唇彩呢？

A 在 Photoshop 中，可以使用"滤镜"中的"添加杂色"命令，给嘴唇添加颗粒感，就可以给嘴唇添加珠光唇彩了。

1. 打开图像素材

❶ 打开本书配备资源中的"第6章\素材\招式91\照片.jpg"项目文件。❷ 按 Ctrl+J 快捷键复制一个图层。

2. 创建路径

❶ 按 P 键，选择工具箱中的 ✐（钢笔工具）。❷ 在图像上勾勒出唇部。❸ 选择工具箱中的 ▸（路径选择工具），拖曳鼠标框选路径，单击鼠标右键，在弹出的快捷菜单中选择"建立选区"命令，弹出"建立选区"对话框，设置"羽化半径"参数，单击"确定"按钮。

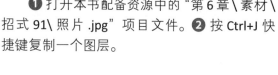

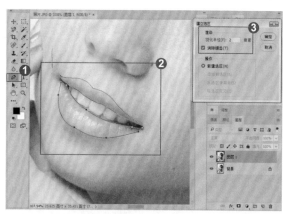

3. 调整嘴唇对比度

❶ 单击"图层"面板底部的"创建新的填充或调整图层"按钮 ◑。❷ 选择"曲线"命令，创建"曲线"调整图层。❸ 添加控制点，调整曲线。

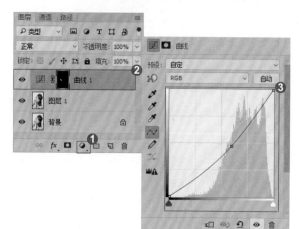

4. 调整嘴唇颜色

❶ 按住 Ctrl 键单击"曲线 1"图层的蒙版缩览图，调出选区。❷ 单击"图层"面板底部的"创建新的填充或调整图层"按钮 ◉，选择"色相 / 饱和度"命令，创建"色相 / 饱和度"调整图层。❸ 拖动滑块，调节参数。

5. 添加杂色

❶ 单击"图层"面板底部的"创建新图层"按钮 ◻，按 Alt+Delete 快捷键填充前景色为灰色（#808080）。❷ 在菜单栏中选择"滤镜"|"杂色"|"添加杂色"命令，弹出"添加杂色"对话框，设置参数，单击"确定"按钮。

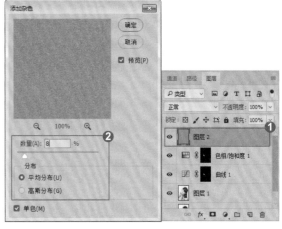

6. 设置混合模式

❶ 按住 Ctrl 键单击"曲线 1"图层的蒙版缩览图，调出选区。❷ 单击"图层"面板底部的"添加矢量蒙版"按钮 ◻，为"图层 2"添加蒙版。❸ 将"图层 2"的混合模式更改为"线性减淡（添加）"。

7. 创建图层

❶ 单击"图层"面板底部的"创建新的填充或调整图层"按钮 ◉，选择"色阶"命令，创建"色阶"调整图层。❷ 在菜单栏中选择"图像"|"创建剪贴蒙版"命令。

8. 调整色阶

❶ 打开"色阶"面板，拖动滑块，调节参数。
❷ 添加珠光唇彩完成效果。

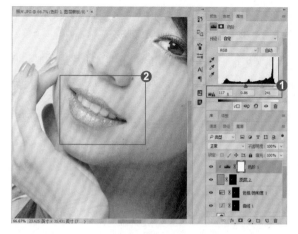

 知识拓展

　　"添加杂色"滤镜可以将随机像素应用于图像，模拟在高速胶片上拍照的效果。该滤镜可以用来减少羽化选区或渐变填充中的条纹，或者使经过重大修饰的区域看起来更加真实，或者在一张空白的图像上生成随机的杂点，制作成杂纹或其他底纹。"数量"文本框用来设置杂色的数量；"分布"选项组用来设置杂色的分布方式；选中"单色"复选框，杂点只影响原有像素的亮度，像素的颜色不会改变。

招式 **092** 性感美人：打造厚唇

Q 安吉丽娜·朱莉的厚唇看上去非常性感，那么 Photoshop 怎样打造出性感的厚唇呢？

A 在 Photoshop 中，可以使用"滤镜"中的"液化"功能，对嘴唇进行调整，就可以打造出性感的厚唇。

1. 打开图像素材

❶ 打开本书配备资源中的"第 6 章 \ 素材 \ 招式 92\ 照片 .jpg"项目文件。❷ 按 Ctrl+J 快捷键复制一个图层。

2. 放大嘴唇区域

❶ 在菜单栏中选择"滤镜" | "液化"命令。❷ 弹出"液化"对话框，在"液化"对话框的左侧工具栏中选择 🔍（缩放工具）。❸ 在图像上单击，放大到嘴唇部分。

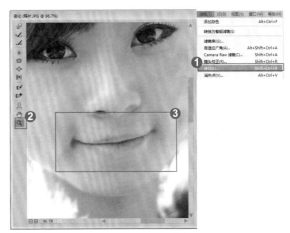

3. 液化嘴唇

❶ 在"液化"对话框的左侧工具栏中选择 ✍（向前变形工具）。❷ 在右侧"属性"栏中设置画笔参数。❸ 在图像的上唇中部由上往下推动，其他部位由嘴唇内往外推动，完成后单击"确定"按钮，打造性感的厚唇效果完成。

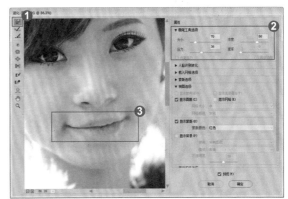

知识拓展

"液化"对话框中的"画笔工具选项"选项组用来设置当前选择的工具的各种属性。

● 大小：用来设置扭曲图像的画笔宽度。

● 浓度：用来设置画笔边缘的羽化范围，它可以使画笔中心的效果最强，边缘处的效果最弱。

● 压力：用来设置画笔在图像上产生的扭曲速度。

● 速率：用来设置旋转扭曲等工具在预览图中保持静止时扭曲所应用的速度。

● 光笔压力：当计算机配置有数位板和压感笔时，选中该复选框可通过压感笔的压力控制工具。

★★★★★
招式 093 请大胆笑出来：修齐牙齿

Q 很多人因为牙齿不整齐，所以拍照时不敢露齿笑，那么是否可以通过 Photoshop 来将牙齿修整齐吗？

A 在 Photoshop 中，可以使用套索工具将一颗完整的牙齿抠出来建立选区，复制并移动到需要修整的牙齿处，再添加蒙版，涂抹多余的部分，这样不整齐的牙齿就修整完成了。

1. 打开图像素材

❶ 打开本书配备资源中的"第 6 章 \ 素材 \ 招式 93\ 照片 .jpg"项目文件。❷ 按 Ctrl+J 快捷键复制一个图层。

2. 缩放图像

❶ 按 Z 键，选择工具箱中的 （缩放工具）。❷ 在图像上单击，把图像放大到牙齿部分。

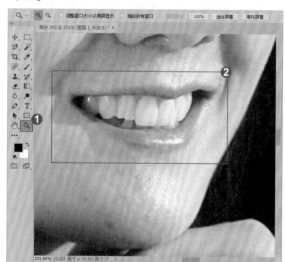

3. 创建牙齿选区

❶ 选择工具箱中的 （套索工具）。❷ 在图像上把一颗完整的牙齿圈出来，建立选区。❸ 在工具选项栏中设置需要的"羽化"参数。

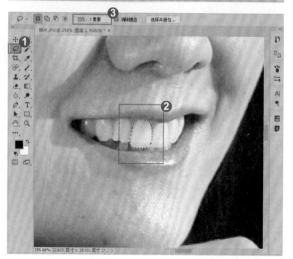

4. 复制牙齿

❶ 按 Ctrl+J 快捷键复制一个图层。❷ 选择工具箱中的 ⊕.（移动工具）。❸ 在图层上将复制的牙齿移到要修整牙齿的地方。

5. 添加蒙版

❶ 单击"图层"面板底部的"添加矢量蒙版"按钮 ⬛，为图层添加蒙版，将前景色设置为黑色。❷ 选择工具箱中的 ✎（画笔工具），设置合适的画笔大小和硬度。❸ 在图像上涂抹掉多余的部分，不整齐的牙齿修整完成。

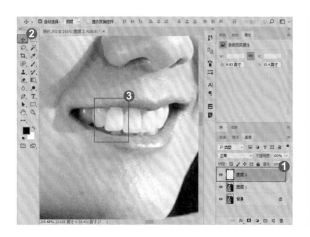

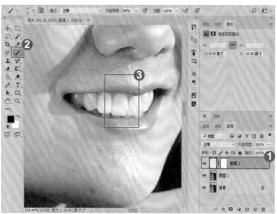

知识拓展

选择一个图层以后，❶ 按下 Alt+] 快捷键，可以将当前图层切换为与之相邻的上一个图层；❷ 按下 Alt+[快捷键，则可将当前图层切换为与之相邻的下一个图层。

★★☆☆☆

招式 094 好貌美牙为先，齿白七分俏：美白牙齿

Q 拍摄照片时，人物五官轮廓都很满意，但是牙齿却轻微发黄，那么如何通过 Photoshop 处理，使牙齿变白呢？

A 在 Photoshop 中，使用套索工具将牙齿建立选区，再用"曲线"调整命令，调整曲线，牙齿就变白了。

1. 打开图像素材

❶ 打开本书配备资源中的"第6章\素材\招式94\照片.jpg"项目文件。❷ 按 Ctrl+J 快捷键复制一个图层。

2. 缩放图像

❶ 按 Z 键，选择工具箱中的 （缩放工具）。❷ 在图像上单击，把图像放大到牙齿部分。

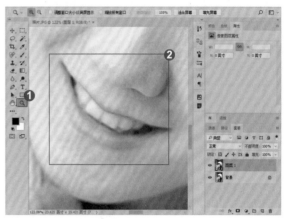

3. 创建选区

❶ 按 L 键，选择工具箱中的 ❷（套索工具）。❷ 设置工具选项栏中的"羽化"数值为 5 像素。❸ 在图像上沿着牙齿的边缘把黄牙圈出来，建立选区。

4. 美白牙齿

❶ 在菜单栏中选择"图像"|"调整"|"曲线"命令，弹出"曲线"对话框，调整 RGB、"红""蓝"通道参数。❷ 单击"确定"按钮，按 Ctrl+D 快捷键取消选区，牙齿美白效果完成。

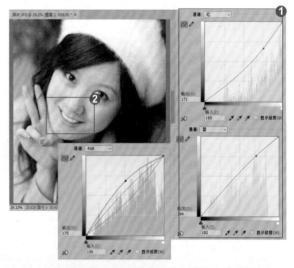

知识拓展

　　Photoshop 的调整命令可以通过两种方式来实现，第一种是直接用"图像"菜单中的命令来处理图像，第二种是使用调整图层来应用这些调整命令。这两种方式可以达到相同的调整结果，它们的不同之处在于："图像"菜单中的命令会修改图像的像素数据，而调整图层则不会修改像素，它是一种破坏性的调整功能。

7

第 7 章

百变人像之发型的处理

头发是人体的重要组成部分，一头亮丽乌黑的秀发，修理得整洁大方、长短适度，呈现在众人面前时，给人一种潇洒飘逸、美的感受；相反，如果弄得蓬松邋遢，肮脏不堪，就会给人一种不愉快的感觉。本章主要针对人像照片中的头发进行处理。利用本章介绍的相关处理方法和工具，能够使人物秀发充满光泽，使人物更加靓丽多彩。

★★★★★

招式 095 我的头发我做主：改变头发颜色

 我不知道自己的肤色适合哪种颜色的头发，有什么办法可以让我提前看到效果呢？

 在 Photoshop 中，可以利用"色彩平衡"命令随意调整头发颜色，选取最合适自己的即可。

1. 复制图层

❶ 打开本书配备资源中的"第 7 章\ 素材\ 招式 95\ 照片 .jpg"项目文件。❷ 在"图层"面板上单击鼠标右键，从弹出的快捷菜单中选择"复制图层"命令。❸ 弹出"复制图层"对话框，输入图层名称并设置选项，单击"确定"按钮，复制背景图层。

2. 创建选区

❶ 选择工具箱中的 ⬚（快速选择工具），单击"添加到选区"按钮 ⬚，在人物头发上涂抹，选择头发选区。❷ 单击调整面板中的"创建新的色彩平衡调整图层"按钮 ⬚，创建一个调整图层。

3. 更改头发色彩

❶ 在弹出的面板中分别调整"阴影""中间调""高光"参数。❷ 可以改变人物头发的发色。

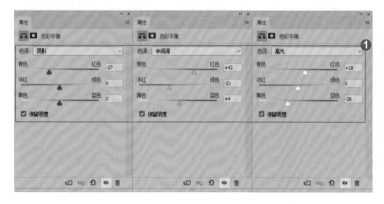

知识拓展

❶ 在"图层"面板中，将需要复制的图层拖动到"创建新图层"按钮上，可以在面板中复制该图层，或是按 Ctrl+J 快捷键复制当前图层；❷ 选择一个图层，选择"图层"|"复制图层"命令，弹出"复制图层"对话框，输入图层名称并设置选项，单击"确定"按钮可以通过命令复制图层。

招式 096　光泽发丝：给头发增强高光

Q 拍摄照片时，由于光线过于强烈，导致拍摄出来的头发黯淡无光，如何利用 Photoshop 还原头发原有的光泽呢？

A 用颜色调整命令增强头发的对比度，并更改头发的颜色，可以让头发变得更加时尚。

1. 创建选区

❶ 打开本书配备资源中的"第 7 章 \ 素材 \ 招式 96\ 模特 .jpg"项目文件。❷ 按 Ctrl+J 快捷键拷贝"背景"图层，得到"图层 1"图层。选择工具箱中的 （快速选择工具），选中人物头发区域。❸ 将光标放在选区内，单击鼠标右键，从弹出的快捷菜单中选择"通过拷贝的图层"命令，拷贝选区内的内容至新的图层当中。

2. 增强头发对比度

❶ 继续使用快速选择工具在头发上涂抹，选择选区，单击调整面板中的 按钮，创建"色阶"调整图层，拖动滑块调整发色。❷ 选择工具箱中的 （画笔工具），设置前景色为黑色，适当降低画笔的不透明度，在头发边缘涂抹，柔和头发边缘。

3. 增加发色对比度

❶ 选择"图层2",利用 (快速选择工具)创建头发选区,单击调整面板中的█按钮,创建"色相/饱和度"调整图层,在弹出的"色相/饱和度"面板中调整头发的饱和度和明度。❷ 载入选区,创建"曲线"调整图层,调整 RGB 通道参数,增加发色的对比度。

4. 去除多余发丝

❶ 隐藏"背景"图层,选择"图层1",单击鼠标右键,在弹出的快捷菜单中选择"合并可见图层"命令,将可见图层合并。❷ 显示"背景"图层,选择工具箱中的 █(仿制图章工具),按住 Alt 键在背景上取样,释放 Alt 键在头发边缘涂抹,去除多余发丝。

知识拓展

在"图层"面板中,图层名称左侧的图像是该图层的缩览图,它显示了图层中包含的图像内容,缩览图中的棋盘格代表了图像的透明区域。❶ 在图层缩览图上单击鼠标右键。❷ 可在弹出的快捷菜单中调整缩览图的大小。

招式 097 让头发更整齐:修补头发的间隙

Q 在室外进行拍摄,往往因为有风,让头发有豁口,破坏画面的美感,利用 Photoshop 可以快速修补头发的间隙吗?

A 可以用仿制图章工具来修补头发的间隙,不过在修补的过程中要跟着头发的纹理进行修补,这样才能让头发自然。

1. 设置笔刷参数

❶ 打开本书配备资源中的"第 7 章 \ 素材 \ 招式 97\ 小孩 .jpg"项目文件。❷ 按 Ctrl+J 快捷键拷贝图层，得到"图层 1"图层。❸ 选择工具箱中的 ▣（仿制图章工具），设置工具选项栏中的"画笔预设选取器"的笔刷为"圆钝形中等硬"，"不透明度"为 42%、"流量"为 53%。

2. 修补头发间隙

❶ 将光标放在右侧头发上，光标十字中心对准头发，按住 Alt 键，单击进行取样。❷ 释放 Alt 键，在中间头发缝隙处涂抹，在涂抹过程当中应注意头发的走向，这样可以保证拷贝的头发不会产生错位的现象。

知识拓展

按下 [键可将画笔调小，按下] 键则将画笔调大。对于实边圆、柔边圆和书法笔刷，按下 Shift+[快捷键可减小画笔的硬度，按下 Shift+] 快捷键则可以增加画笔的硬度。按下键盘中的数字键可调整绘画工具的不透明度，例如，按下 1 键，绘画工具不透明度为 10%；按下 75，不透明度为 75%；按下 0 键，不透明度会恢复为 100%。

招式 098 不要瑕疵：消除头发分支

Q 在拍摄外景照片时，由于风大、流汗或是另外的原因，导致拍摄出来的头发漫天飞舞，不仅破坏了发型的美感，也使得画面不够干净，如何用 Photoshop 来处理这一问题呢？

A 可以先将整齐的头发选中保护起来，然后用仿制图章工具将多余的发丝去除，再添加飘逸的头发，让人物显得自然。

1. 拷贝通道

❶ 打开本书配备资源中的"第 7 章 \ 素材 \ 招式 98\ 模特 .jpg"项目文件。❷ 按 Ctrl+J 快捷键复制图层，得到"图层 1"图层。❸ 切换至"通道"面板，选择并复制"蓝"通道，得到"蓝拷贝"通道。

2. 调整参数

❶ 选择"图像"|"调整"|"色阶"命令或按 Ctrl+L 快捷键，弹出"色阶"对话框，拖动滑块，加强通道对象的对比度。❷ 再次打开"色阶"对话框，调整左右两侧的滑块，让黑色区域更黑，白色区域更白，加强对比度。

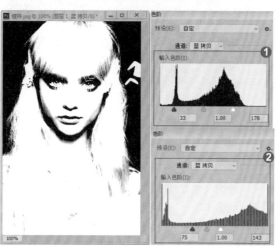

3. 画笔涂抹

❶ 选择工具箱中的 （画笔工具），设置前景色为白色，将人物涂抹成白色。❷ 单击"RGB 通道"前面的眼睛图标，显示复合通道。继续用画笔工具在人物发丝上涂抹。

4. 调整选区范围

❶ 按住 Ctrl 键单击"蓝拷贝"图层，载入选区，单击 RGB 通道，返回"图层"面板，按 Ctrl+Shift+I 组合键反选选区。❷ 隐藏"通道"面板中的"蓝"通道副本。选择工具箱中的 （快速选择工具），单击"从选区减去"按钮 ，加选人物发丝。

5. 消除头发分支

❶ 选择"滤镜"|"模糊"|"表面模糊"命令，在弹出的"表面模糊"对话框中设置参数，模糊选区内的图像。❷ 单击"确定"按钮关闭对话框，按 Ctrl+D 快捷键取消选区，单击面板底部的"添加图层蒙版"按钮 ，给图层添加一个蒙版，使用画笔工具还原背景。❸ 盖印图层，选择工具箱中的 （仿制图章工具），按住 Alt 键在背景上取样，释放 Alt 键，在人物头发边缘涂抹，去除黄色发丝。❹ 用相同方法，将仿制图章工具的笔刷设置为"圆钝形中等硬"，在头发上取样，涂抹头发边缘，修补缺失的头发。

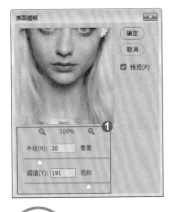

知识拓展

颜色通道就是摄影胶片，它们记录了图像内容和颜色信息。图像的颜色模式不同，颜色通道的数量也不同。

❶RGB 图像包含红、绿、蓝和一个用于编辑图像内容的复合通道；❷CMYK 图像包含青色、洋红、黄色、黑色和一个复合通道；❸Lab 图像包含明度、a、b 和一个复合通道；位图、灰度、双色调和索引颜色的图像都只有一个图像。

招式 099 打造复古刘海：更改刘海样式

Q 翻看 20 世纪三四十年代的电影，发现里面的复古刘海特别好看，可以利用 Photoshop 为自己打造复古刘海吗？

A 找一款比较中意的复古刘海，通过抠图将刘海添加到图片中，调整颜色使刘海与头发融为一体。

1. 绘制路径

❶打开本书配备素材中的"第7章\素材\招式99\ 小女孩 .png、刘海 .jpg"项目文件。❷切换至"刘海 .jpg"项目文件，将"背景"图层拖动至面板下方的"创建新图层"按钮上，复制背景图层，得到"背景 拷贝"图层。❸选择工具箱中的 （钢笔工具），设置工具选项栏中的"工具模式"为"路径"，在人物刘海上绘制路径。

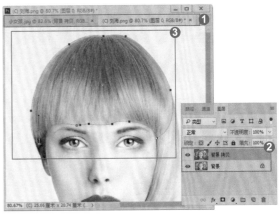

2. 调整头发位置

❶ 单击鼠标右键，在弹出的快捷菜单中选择"建立选区"命令，弹出"建立选区"对话框，设置"羽化半径"为15像素。❷ 单击"确定"按钮关闭对话框，按 Ctrl+J 快捷键将选区的内容拷贝。❸ 选择工具箱中的 ✛（移动工具）将拷贝出来的刘海拖动至"小女孩"项目文件中，按 Ctrl+T 快捷键显示定界框，调整刘海的大小和位置。

3. 调整刘海颜色

❶ 选择工具箱中的 ✎（橡皮擦工具），擦除头发周围的图像。❷ 单击调整面板中的 按钮，创建"色彩平衡"调整图层，单击面板下方的 按钮，创建剪贴蒙版，调整"色调"参数，使颜色调整只影响下一个图层。❸ 隐藏"背景"图层，选择"图层1"，单击鼠标右键，在弹出的快捷菜单中选择"合并可见图层"命令，合并图层。

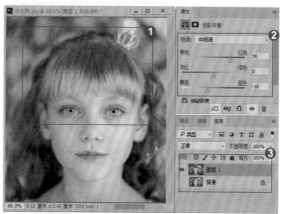

4. 增加刘海对比度

❶ 显示"背景"图层，选择工具箱中的 ⬤（模糊工具），设置画笔大小为12像素、"模式"为"变暗"、"强度"为55%，在刘海与眉毛边缘涂抹，模糊刘海。❷ 选择工具箱中的 （仿制图章工具），将笔刷设置为"圆钝形中等硬"，适当降低不透明度，在头发上取样，添加衔接处的头发。❸ 利用快速选择工具在人物刘海处单击，创建选区。

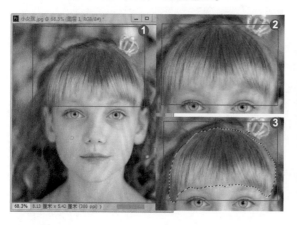

5. 调整刘海颜色

❶ 创建"色彩平衡"调整图层，调整"色调"参数，更改头发的颜色。❷ 载入选区，创建"色阶"调整图层，加强刘海颜色的对比度。❸ 载入选区，创建"色相/饱和度"调整图层，降低饱和度，使添加的刘海颜色与人物原有发色颜色一致。

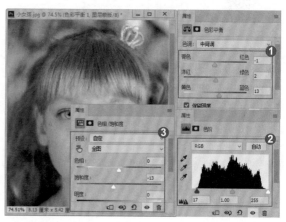

6. 加强头发的对比度

① 选择"图层 1"，利用仿制图章工具将头发边缘衔接自然。② 选择最上面的图层，载入选区，单击"图层"面板底部的"创建新的填充或调整图层"按钮 ，创建"曲线"调整图层，调整 RGB 通道，加强头发的对比度。

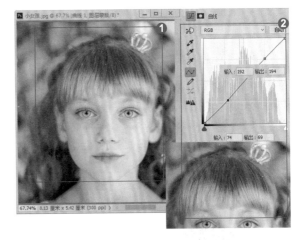

知识拓展

　　创建选区以后，按下 Ctrl+C 快捷键复制选中的图像，粘贴（按下 Ctrl+V 快捷键）图像时，可以创建一个新的图层；如果打开了多个文件，则使用移动工具将一个图层拖至另外的图像中，可将其复制到目标图像，同时创建一个新的图层。需要注意的是，在图像间复制图层时，如果两个文件的打印尺寸和分辨率不同，则图像在两个文件间的视觉大小会有变化。例如，在相同的打印尺寸情况下，源图像的分辨率小于目标图像的分辨率，则图像复制到目标图像后，会显得比原来小。

★★★★★ 招式 100 换换发型：变换人物发型

Q 有时在翻看别人的照片时，发现发型造型百变，是怎么做到的呢？

A 除了修剪头发外，还可以利用 Photoshop 将好看的造型添加到照片中，打造百变形象。

1. 拷贝通道

① 打开本书配备资源中的"第 7 章 \ 素材 \ 招式 100\ 人物 .jpg"项目文件。② 按 Ctrl+J 快捷键复制背景图层，得到"图层 1"。③ 按 Ctrl+O 快捷键打开"发型"素材，复制图层，切换至"通道"面板，选择并复制"蓝"通道，得到"蓝拷贝"通道。

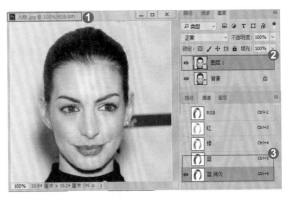

2. 调整色阶参数

❶ 按 Ctrl+L 快捷键打开"色阶"面板，调整左右两端的滑块，提升图像的对比度。❷ 再次打开"色阶"面板，调整左右两端的滑块，加强头发的对比度。❸ 选择工具箱中的 ✏️（画笔工具），设置前景色为黑色，将头发涂抹成黑色。

3. 羽化选区

❶ 显示 RGB 通道，使用画笔工具在头发上继续涂抹，选取细微发丝（此时选择的是"蓝拷贝"通道）。❷ 选择 RGB 通道，隐藏"蓝拷贝"图层，按住 Ctrl 键，单击"蓝拷贝"通道图层，载入选区。❸ 按 Ctrl+Shift+I 组合键反选选区，设置"羽化半径"为 2 像素。

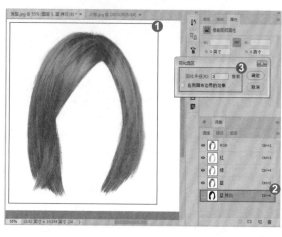

4. 去除多余头发

❶ 选择工具箱中的 ✛（移动工具），将选区的头发拖动到人物文件中，按 Ctrl+T 快捷键显示定界框，调整头发的大小和位置。❷ 选择 "图层 1"，利用仿制图章工具去除多余的头发。❸ 选择添加的头发图层，利用橡皮擦工具擦除头发边缘多余的白色图像。

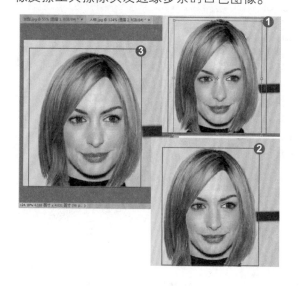

5. 更改发型

选择工具箱中的 ♣️（仿制图章工具），设置笔刷为"圆钝形中等硬"，降低不透明度和流量参数，在人物头发边缘取样，涂抹头发与脸部衔接处，使头发更加自然。

知识拓展

❶ 单击"通道"面板中的一个通道即可选择该通道，文件窗口中会显示所选通道的灰度图像。

❷ 按住 Shift 键单击其他通道，可以选择多个通道，此时窗口会显示所选颜色通道的复合信息。通道名称的左侧显示了通道内容的缩览图，在编辑通道时，缩览图会自动更新。❸ 单击 RGB 复合通道可以重新显示其他颜色通道，此时可同时预览和编辑所有颜色通道。

专家提示

按下 Ctrl+ 数字键可以快速选择通道。例如，如果图像为 RGB 模式，按下 Ctrl+3 快捷键可以选择"红"通道；按下 Ctrl+4 快捷键可以选择"绿"通道；按下 Ctrl+5 快捷键可以选择"蓝"通道；按下 Ctrl+6 快捷键可以选择"蓝"通道下面的 Alpha 通道；如果要回到 RGB 复合通道，可以按下 Ctrl+2 快捷键。

★★☆☆☆
招式 **101** 让头发色彩飞扬：为头发挑染

 Q 率真又彰显个性的挑染，让人物显得特立独行，那如何利用 Photoshop 为自己制作挑染效果呢？

A 选择自己喜欢的颜色，用画笔工具随意涂抹即可，在涂抹过程中需注意头发的走向。

1. 设置画笔参数

❶ 打开本书配备资源中的"第 7 章 \ 素材 \ 招式 101\ 模特 .jpg"项目文件。❷ 将"背景"图层拖动至"图层"面板底部的"创建新图层"按钮 🔲 上，得到"背景 拷贝"图层。❸ 选择工具箱中的 ✎（画笔工具），设置笔刷为"圆钝形中等硬"，降低画笔的不透明度和流量。

2. 挑染发色

❶ 设置前景色为深红色（#c00606），在人物发尾处涂抹，制作发尾挑染效果。❷ 用相同方法，在头发刘海处及耳朵后的头发上涂抹,挑染头发。❸ 设置前景色为粉色(#fd8694)，继续使用画笔工具涂抹挑染头发，与正常发色衔接，过渡自然。

 知识拓展

Photoshop 提供了3种类型的笔尖：❶ 圆形笔尖；❷ 非圆形的图像样本笔尖；❸ 毛刷笔尖。

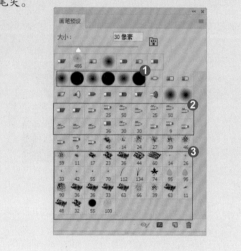

招式 102 卷发的魅力：打造人物时尚卷发

Q 卷发让人显得高贵、大方、时尚，那该如何利用 Photoshop 打造卷发呢?

A 选择需要打造卷发的头发区域，利用"波浪"命令可快速让头发变成卷发。

1. 创建选区

❶ 打开本书配备资源中的"第7章\素材\招式 102\人像 .jpg"项目文件。❷ 在"图层"面板上单击鼠标右键，从弹出的快捷菜单中选择"复制图层"命令，复制两个图层。❸ 选择工具箱中的 （快速选择工具），在人物头发上涂抹，选择头发选区。

2. 打造卷发

❶ 选择"滤镜"|"扭曲"|"波浪"命令，在弹出的"波浪"对话框中设置参数。单击"确定"按钮关闭对话框，打造时尚的卷发。
❷ 选择工具箱中的 ✐（橡皮擦工具），选择一个柔角笔刷，适当降低不透明度与流量，在头发衔接处涂抹，使头发融合自然。

3. 修饰头发

❶ 选择工具箱中的 ▲（仿制图章工具），设置"笔刷"为柔边圆笔刷，去除头发的杂丝。
❷ 设置笔刷为"圆钝形中等硬"，适当降低不透明度与流量，按住 Alt 键在头发周围进行取样，释放 Alt 键，在卷发处涂抹，使卷发衔接自然。

知识拓展

"波浪"滤镜可以在图像上创建波状起伏的图案，生成波浪效果。❶ "生成器数"用来设置产生波纹效果的震源总数；❷ "波长"用来设置相邻两个波峰的水平距离，它分为最小波长和最大波长两部分，最小波长不能超过最大波长；❸ "波幅"用来设置最大和最小的波幅，其中最小波幅不能超过最大波幅；❹ "类型"用来设置波浪的形态，包括"正弦""三角形"和"方形"几种形态；❺ "随机化"可随机改变前面设定的波浪效果，如果对当前产生的效果不满意，可单击此按钮，生成新的波浪效果；❻ "未定义区域"用来设置如何处理图像中出现的空白区域，选中"折回"单选按钮可在空白区域填入溢出的内容，选中"重复边缘像素"单选按钮可填入边缘的像素颜色。

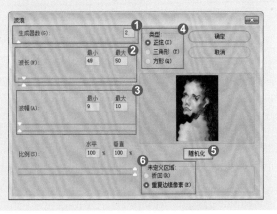

★★★★★
招式 103 加点小玩意儿：为人物添加发饰

Q 漂亮的发饰可以起到点睛之笔，那如何为头发添加发饰呢？

A 添加发饰前需要根据头发的造型选择一款合适的发饰，然后将其抠图并添加到照片中，调整颜色融合头发即可。

1. 调整色阶参数

❶ 打开本书配备资源中的"第7章\素材\招式103\小女孩.jpg、发饰.jpg"项目文件。❷ 切换至"发饰.jpg"项目文件，打开"通道"面板，选择并拷贝"蓝"通道，得到"蓝拷贝"通道。❸ 选择"图层"|"调整"|"色阶"命令，在弹出的"色阶"对话框中拖动左右两端滑块，加强发饰的对比度。

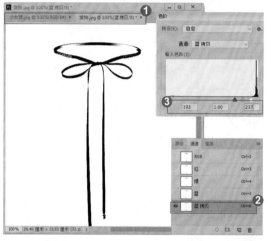

2. 抠取发饰

❶ 关闭"色阶"对话框，按 Ctrl+L 快捷键再次打开"色阶"对话框，调整参数，让白色的地方更白，黑色的地方更黑。❷ 选择工具箱中的 （画笔工具），设置前景色为白色，涂抹白色，保留蝴蝶结区域。❸ 按住 Ctrl 键，单击"蓝拷贝"通道图层，载入选区，按 Ctrl+Shift+I 组合键反选选区。

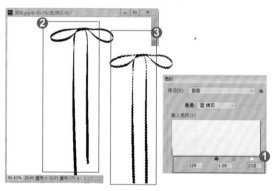

3. 调整发饰颜色

❶ 返回"图层"面板，按 Ctrl+J 快捷键复制选区内容，利用移动工具将图像拖动至"小女孩"文件中，按 Ctrl+T 快捷键显示定界框，调整发饰的大小和位置。❷ 按 Enter 键确认操作，单击"调整"面板中的"色彩平衡"调整图层 ，调整颜色参数，按 Ctrl+Alt+G 组合键创建剪贴蒙版，只更改发饰的颜色。

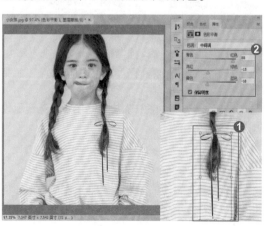

4. 复制发饰

❶ 双击"发饰"图层，打开"图层样式"对话框，调整"内发光"参数，增加发饰的阴影。❷ 按住 Ctrl 键单击"色彩平衡"调整图层与"图层1"，按 Ctrl+G 快捷键进行编组。❸ 按 Ctrl+J 快捷键复制"组1"，利用移动工具将组1拖动至另一马尾辫发尾，为头发添加可爱的发饰。

知识拓展

❶ 编辑"蓝"通道时，文档窗口中只显示通道中图像。❷ 这使得某些操作，如描绘图像边缘时因看不到彩色图像而不够准确，遇到这种问题，可在复合通道前单击，显示眼睛图标，Photoshop 会显示图像并以一种颜色替换"蓝"通道的灰度图像，这种效果就类似于在快速蒙版状态下编辑选区一样。

8

第 8 章

完美塑形之鼻子与耳朵的修饰

在 Photoshop 中处理鼻子与耳朵时，主要应用到滤镜中的液化工具和自由变形工具，对于鼻子与耳朵的修饰需要有足够的耐心与细心，才能够塑造出完美的鼻子与耳朵。

★★☆☆☆ 招式 **104** 塑造挺拔鼻梁

Q 高鼻梁能让人面部看起来比较有立体感，那么在 Photoshop 中怎么样塑造出挺拔的高鼻梁呢？

A 在 Photoshop 中可以使用"滤镜"中的"液化"功能，选择"向前变形工具"就可以调整鼻梁的高度。

1. 打开图像素材

❶ 打开本书配备资源中的"第 8 章 \ 素材 \ 招式 104\ 照片 .jpg"项目文件。❷ 按 Ctrl+J 快捷键复制一个图层。

2. 选择"液化"命令

❶ 选择"滤镜"|"液化"命令。❷ 弹出液化对话框，在"液化"对话框的左侧工具栏中选择"缩放"工具🔍。❸ 在图像上单击放大到鼻子部分。

3. 调整鼻梁

❶ 在"液化"对话框的左侧工具栏中选择"向前变形"工具。❷ 在右侧属性栏中设置画笔参数。❸ 在图像上按住鼠标左键推动，调整鼻梁，完成后单击"确定"按钮，塑造挺拔鼻梁完成效果。

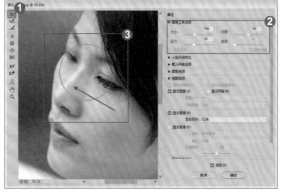

知识拓展

使用"液化"对话框中的变形工具在图像上单击并拖动鼠标即可进行变形操作，变形集中在画笔区域中心，并随着鼠标在某个区域中的重复拖动而得到增强。❶ "向前变形"工具 ⚟ 可向前推动像素；❷ 使用"重建"工具 ⚟ 在变形区域单击或拖动涂抹，可将其恢复为原状；❸ 使用"顺时针旋转扭曲"工具 ⚟ 在图像中单击拖动鼠标可顺时针旋转像素；❹ 按住 Alt 键操作则逆时针旋转像素。

招式 ★★★★★ 105 缩小大鼻子

Q 我们知道"滤镜"中的"液化"功能可以缩小大鼻子，在 Photoshop 中还有什么方法可以缩小大鼻子呢？

A 在 Photoshop 中还可以使用"滤镜"中的"扭曲"命令，设置参数，就可以快速地缩小大鼻子。

1. 打开图像素材

❶ 打开本书配备资源中的"第 8 章\ 素材\ 招式 105\ 照片 .jpg"项目文件。❷ 按 Ctrl+J 快捷键复制一个图层。

2. 缩放图像

❶ 按 Z 键，选择工具箱中的 🔍（缩放工具）。❷ 在图像上单击把图像放大到鼻子部分。

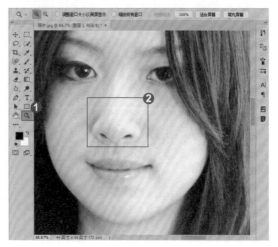

3. 创建选区

❶ 选择工具箱中的 ◯.（椭圆选框工具）。
❷ 将工具选项栏中的"羽化"设置为 20 像素。
❸ 在图像上的鼻子部分绘制选框。

4. 缩小鼻子

❶ 选择"滤镜"｜"扭曲"｜"球面化"命令。❷ 在弹出"球面化"对话框中，将"数量"滑块向左拖动，设置合适的数量参数，单击"确定"按钮。❸ 按 Ctrl+D 快捷键取消选区，完成缩小大鼻子的操作。

知识拓展

使用"矩形选框"工具 ▢、"椭圆选框"工具 ◯ 创建选区时，在放开鼠标按键前，按住空格键拖动鼠标，可移动选区；创建选区以后，在"新选区"按钮 ▢ 为按下状态下，使用选框、套索和魔棒工具时，❶ 只要将光标放在选区内。❷ 单击并拖动鼠标即可移动选区；如果需要轻微移动选区，可以按下键盘中的→、←、↑、↓键。

★★★★★ 招式 106 与草莓鼻说再见

Q 因为鼻子是立体的，所以不可以使用磨皮操作处理草莓鼻，那么在 Photoshop 中有什么方法可以处理草莓鼻呢？

A 在 Photoshop 中，可以使用修复画笔工具，取样黑点旁边好的皮肤的颜色，复制到黑点处，就可以与草莓鼻说再见了。

1. 打开图像素材 --------------------------

❶ 打开本书配备资源中的"第 8 章 \ 素材 \ 招式 106\ 照片 .jpg"项目文件。❷ 按 Ctrl+J 快捷键复制一个图层。

2. 缩放图像 --------------------------

❶ 按 Z 键，选择工具箱中的 ❑（缩放工具）。❷ 在图像上单击把图像放大到草莓鼻部分。

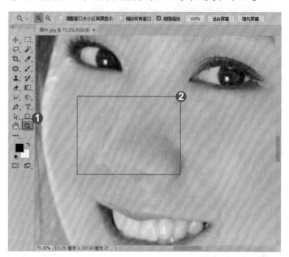

3. 去除草莓鼻 --------------------------

❶ 选择工具箱中的 ✐（修复画笔工具）。❷ 设置工具选项栏中的画笔参数，将"源"设置为"取样"。❸ 在图像上按住 Alt 键取样皮肤颜色，用鼠标单击涂抹掉黑点，草莓鼻效果处理完成。

 知识拓展

　　"修复画笔"工具选项栏中的"样本"选项，可设置从指定图层中进行数据取样。如要要从当前图层及其下方的可见图层中取样，可以选择"当前和下方图层"选项；如果仅从当前图层中取样，可选择"当前图层"；如果要从所有可见图层中取样，可选择"所有图层"。

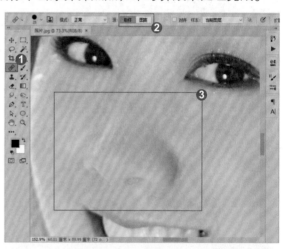

招式 107 去掉红鼻头

Q 照片人物的鼻头有点红，在 Photoshop 中有什么方法可以去掉红鼻头呢？

A 在 Photoshop 中可以对红鼻头的地方建立选区，再使用"色相 / 饱和度"和"色彩平衡"等调整命令进行调整，去掉红鼻头。

1. 打开图像素材

❶ 打开本书配备资源中的"第 8 章\素材\招式 107\ 照片 .jpg"项目文件。❷ 按 Ctrl+J 快捷键复制一个图层。

3. 创建选区

❶ 选择工具箱中的 ◯（套索工具）。❷ 设置工具选项栏中的"羽化"参数为 5 像素。❸ 在图像上把红鼻头部分圈出来，建立选区。

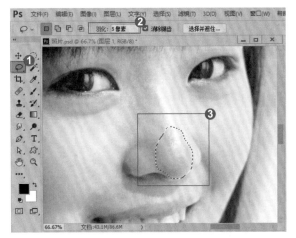

2. 缩放图像

❶ 按 Z 键，选择工具箱中的 🔍（缩放工具）。❷ 在图像上单击把图像放大到鼻子部分。

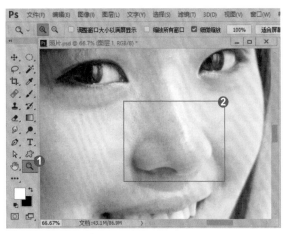

4. 设置色相 / 饱和度

❶ 单击"图层"面板底部的"创建新的填充或调整图层"按钮 ◐。在弹出的下拉菜单中选择"色相 / 饱和度"命令。❷ 创建"色相 / 饱和度"调整图层。❸ 拖动滑块，调节参数。

5. 设置色彩平衡

❶ 按住 Ctrl 键单击"色相 / 饱和度 1"调整图层的蒙版缩览图，调出其选区。❷ 单击"图层"面板底部的"创建新的填充或调整图层"按钮 ，在弹出的下拉菜单中选择"色彩平衡"命令，创建"色彩平衡"调整图层。❸ 拖动滑块，调节参数。❹ 去掉红鼻头操作完成。

知识拓展

❶ 创建选区后，进行颜色调整，调整的是选区内的颜色图像；❷ 若没有创建选区，进行颜色调整，调整的则是整个图像的颜色。

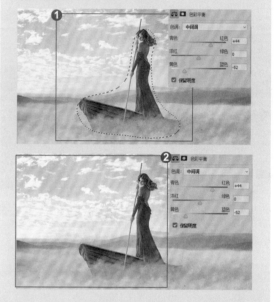

招式 108 添加妩媚鼻钉

Q 印度的女人戴鼻钉看起来特别妩媚，那么怎样使用 Photoshop 快速给人物添加鼻钉呢？

A 在 Photoshop 中可以添加鼻钉素材，调整对比度，让鼻钉效果更自然。

1. 打开图像素材

❶ 打开本书配备资源中的"第 8 章 \ 素材 \ 招式 108\ 照片 .jpg"项目文件。❷ 按 Ctrl+J 快捷键复制一个图层。

2. 缩放图像

❶ 按 Z 键，选择工具箱中的 🔍（缩放工具）。❷ 在图像上单击把图像放大到鼻子部分。

3. 添加鼻钉素材

❶ 按 Ctrl+O 快捷键打开"耳钉"素材图片，选择工具箱中的 ✎（钢笔工具），在耳钉上创建路径，按 Ctrl+Enter 快捷键将路径转换为选区，将选区中的耳钉拖动至人物鼻子上。❷ 单击"添加图层蒙版"按钮 ▣，添加蒙版，选择工具箱中的 ✎（画笔工具），用黑色画笔涂抹耳钉周围，使耳钉与鼻子衔接自然。

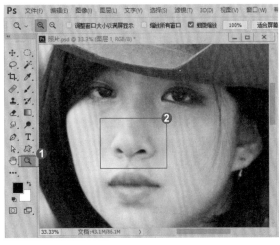

4. 调整鼻钉对比度

❶ 双击该图层，打开"图层样式"对话框，选择"投影"选项，设置参数，为添加的鼻钉制作投影。❷ 单击"确定"按钮关闭对话框，单击"图层"面板底部的"创建新的填充或调整图层"按钮 ◑，创建"曲线"调整图层，在弹出的"曲线"对话框中调整 RGB 通道的参数，按 Ctrl+Alt+G 组合键创建剪贴蒙版，只调整鼻钉的亮度。

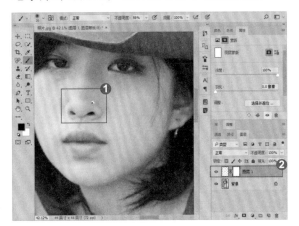

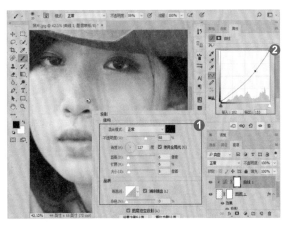

知识拓展

将一个图像拖入另一个文档时，按住 Shift 键操作，可以使拖入的图像位于当前文档的中心。如果这两个文档的大小相同，则拖入的图像就会与当前文档的边界对齐。

⭐⭐☆☆☆ **招式 109　修复过大鼻孔**

🅠 女生的鼻孔过大看起来很影响美观，那么怎样使用 Photoshop 修复大鼻孔呢？

🅐 在 Photoshop 中可以使用套索工具把大鼻孔圈起来，再使用自由变换工具，按住 Shift+Alt 快捷键对大鼻孔进行缩放，就可以修复大鼻孔了。

1. 打开图像素材

❶打开本书配备资源中的"第8章\素材\招式 109\ 照片 .jpg"项目文件。❷ 按 Ctrl+J 快捷键复制一个图层。

2. 缩放图像

❶ 按 Z 键，选择工具箱中的 （缩放工具）。❷ 在图像上单击把图像放大到鼻子部分。

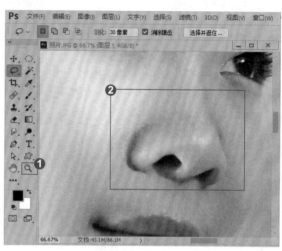

3. 创建选区

❶ 选择工具箱中的 （套索工具）。❷ 设置工具选项栏中的"羽化"参数为 10 像素。❸ 在图像上把鼻孔部分圈出来，建立选区。

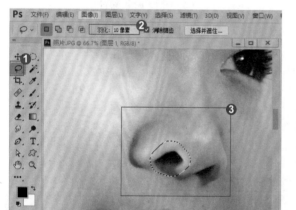

4. 自由变形

❶ 按 Ctrl+T 快捷键显示定界框，按住 Shift+Alt 快捷键进行等比例缩放，按 Enter 键确认。❷ 按 Ctrl+D 快捷键取消选区。

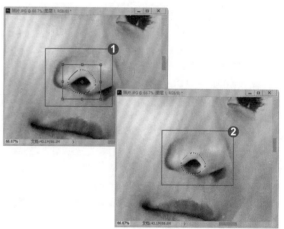

5. 缩小鼻孔

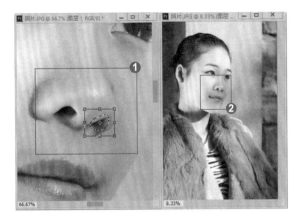

❶ 选择工具箱中的 ⬭（套索工具），在图像上把另一个鼻孔圈出来，建立选区，按 Ctrl+T 快捷键打开自由变换工具，按住 Shift+Alt 快捷键进行缩放，按 Enter 键确认，按 Ctrl+D 快捷键取消选区。❷ 修复大鼻孔完成效果。

 知识拓展

按下 Ctrl+T 快捷键显示定界框，❶ 将光标放在定界框外靠近中间位置的控制点处，当光标变为 ↻ 形状时，单击并拖动鼠标可旋转对象；❷ 将光标放在定界框四周的控制点上，当光标变为 ⬌ 形状时，单击并拖动鼠标可以缩放对象；❸ 如果要进行等比例缩放图像，可在缩放的同时按住 Shift 键。

★★☆☆☆

招式 110 修整骆驼鼻

Q 鼻子在五官中是最突出的，那么在 Photoshop 中怎样修整畸形的骆驼鼻呢？

A 在 Photoshop 中可以使用液化工具，用向前变形工具推动鼻梁上的驼峰，就可以修整骆驼鼻了。

1. 打开图像素材

❶ 打开本书配备资源中的"第 8 章 \ 素材 \ 招式 110\ 照片 .jpg"项目文件。❷ 按 Ctrl+J 快捷键复制一个图层。

2. 单击"液化"命令

❶ 选择"滤镜"|"液化"命令。❷ 弹出"液化"对话框，在"液化"对话框的左侧工具栏中选择"缩放"工具 🔍。❸ 在图像上单击，放大到骆驼鼻部分。

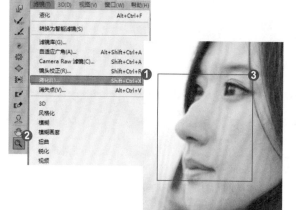

3. 调整鼻梁

❶ 在"液化"对话框的左侧工具栏中选择"向前变形"工具 🔄。❷ 设置右侧属性栏中的画笔参数。❸ 在图像上按住鼠标左键推动，调整鼻梁，完成后单击"确定"按钮，修整骆驼鼻完成效果。

知识拓展

"液化"对话框中的"重建选项"选项组用来设置重建方式，以及撤销所做的调整。单击"重建"按钮可应用重建效果。单击"恢复全部"按钮可取消所有扭曲效果，即使当前图像中有被冻结的区域也不例外。

★★★★☆☆
招式 111 修整招风耳

Q 招风耳看起来很可爱，但是也有很多人不喜欢招风耳，怎样使用 Photoshop 修整招风耳呢？

A 在 Photoshop 中可以使用套索工具对招风耳建立虚线选区，再使用自由变形中的变形工具，调整节点，修整招风耳。

1. 打开图像素材

❶ 打开本书配备资源中的"第8章\素材\招式111\照片.jpg"项目文件。❷ 按 Ctrl+J 快捷键复制一个图层。

2. 缩放图像

❶ 按 Z 键，选择工具箱中的 🔍（缩放工具）。❷ 在图像上单击把图像放大到耳朵部分。

3. 创建选区

❶ 选择工具箱中的 ⚲（套索工具）。❷ 在工具选项栏中设置"羽化"参数。❸ 在耳朵部分建立选区。

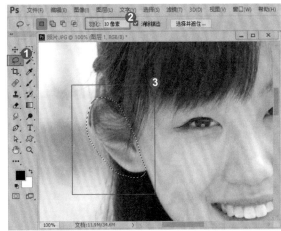

4. 显示变形框

❶ 按 Ctrl+T 快捷键显示定界框，单击鼠标右键，从弹出的快捷菜单中选择"变形"命令。❷ 变形框增加了调整的节点。

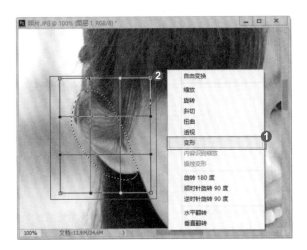

5. 变形耳朵

❶ 在图像上移动节点，调整耳朵形状，完成后按 Enter 键确认变形，按 Ctrl+D 快捷键取消选区。❷ 选择工具箱中的 🖌（修复画笔工具），在图像上按住 Alt 键取样，单击对耳朵周围进行填补。

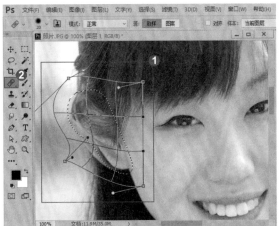

6. 修整招风耳

❶ 用同样的方法调整另一只耳朵。❷ 修整招风耳完成效果。

 知识拓展

对图像的局部内容进行扭曲，可在局部创建选区，使用"编辑"|"变换"菜单中的"变形"命令进行操作。执行该命令时，图像上就会出现变形网格和锚点，拖动锚点或调整方向就可以对图像进行更加自由、灵活的变形处理。

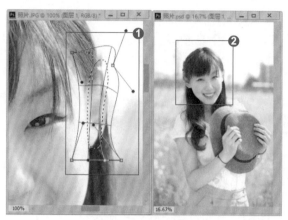

招式 112 打造可爱精灵耳朵

Q 精灵耳朵看起来十分有灵气，在 Photoshop 中怎样给人物打造可爱的精灵耳朵呢？

A 在 Photoshop 中，使用自由变形工具将耳朵的耳尖部分进行调整，再使用液化工具进行细节的调整，可爱的精灵耳朵就完成了。

1. 打开图像素材

❶ 打开本书配备资源中的"第 8 章 \ 素材 \ 招式 112\ 照片 .jpg"项目文件。❷ 按 Ctrl+J 快捷键复制一个图层。

2. 缩放图像

❶ 按 Z 键，选择工具箱中的 🔍（缩放工具）。❷ 在图像上单击把图像放大到耳朵部分。

3. 绘制路径

❶ 按 P 键，选择工具箱中的 ⬚ （钢笔工具）。❷ 在图像上添加锚点抠出耳尖部分。❸ 单击鼠标右键，从弹出的快捷菜单中选择"建立选区"命令，弹出"建立选区"对话框，设置"羽化"参数，单击"确定"按钮。

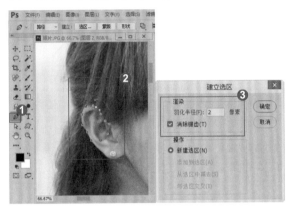

4. 显示变形框

❶ 按 Ctrl+J 快捷键复制一个图层。❷ 按 Ctrl+T 快捷键显示定界框，单击鼠标右键，从弹出的快捷菜单中选择"变形"命令。❸ 变形框增加了调整的节点。

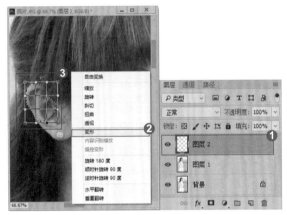

5. 调整节点

❶ 在图像上移动节点，调整耳朵形状，完成后按 Enter 键确认变形。❷ 按 Ctrl+Shift+Alt+E 组合键盖印图层。

6. 液化

❶ 在菜单栏中选择"滤镜"|"液化"命令。❷ 弹出"液化"对话框，在"液化"对话框的左侧工具栏中单击选择 🔍（缩放工具）。❸ 在图像上单击放大到耳朵部分。

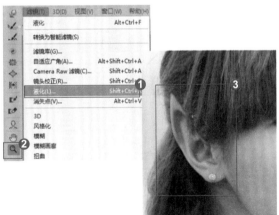

7. 调整变形

❶ 在"液化"对话框的左侧工具栏中选择 （向前变形工具）。❷ 设置右侧属性栏中的画笔参数。❸ 在图像上推动调整耳朵细节部分，完成后单击"确定"按钮，可爱精灵耳朵效果制作完成。

 知识拓展

使用"变换"命令对图像进行变形操作前，❶ 需将背景图层转换为普通图层；❷ 如对背景图层执行"变形"命令，其菜单命令为灰色状态。

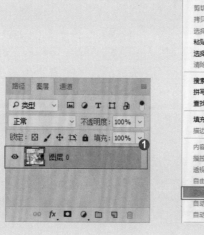

9

第 9 章

完美无瑕之磨皮
与美白

　　柔滑细嫩的皮肤可以展现女性的柔美与活力，同时也是人体健康的一面镜子。但在现实生活中由于平时生活不规律、工作压力大、内分泌失调等多方面的原因，会导致我们的皮肤出现各种不同的问题。本章主要针对人物脸部的肌肤进行处理，通过去除雀斑、高反差保留美化肌肤、高斯模糊美化肌肤等案例的分析和处理，详细介绍了不同方法的肌肤修复方法与技巧，让肌肤瞬间变得水润、通透起来。

招式 113 清洁脸上油光

 **Q** 当太阳太大或是流汗多时，脸上就会泛油光，拍摄出来的照片尤其明显，那该如何利用 Photoshop 来去除脸上的油光呢？

A 将泛油光的区域选取出来，添加与肤色一致的颜色，并设置混合模式就可以去除脸上的油光了。

1. 调整色阶参数

❶ 打开本书配备资源中的"第 9 章\素材\招式 113\室内人像.jpg"项目文件。按 Ctrl+J 快捷键拷贝"背景"图层，得到"图层 1"，切换至"通道"面板，选择并拷贝蓝通道。❷ 选择"图像"|"调整"|"色阶"命令或按 Ctrl+L 快捷键打开"色阶"对话框，调整最左端的滑块，加深人物暗度。

2. 载入选区

❶ 单击"确定"按钮关闭对话框。选择工具箱中的 ✏ （画笔工具），将人物脸部以外的区域全涂抹成黑色，按住 Ctrl 键单击"蓝拷贝"通道，载入选区。❷ 按 Ctrl+2 快捷键切换至复合通道，返回"图层"面板，选择工具箱中的 ✎ （吸管工具），在人物脸部肌肤上单击，吸取该区域的颜色。

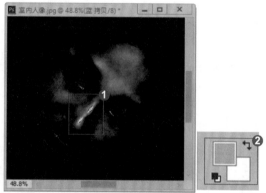

3. 去除脸部油光

❶ 单击"图层"面板底部的"创建新的填充或调整图层"按钮 ，创建"颜色填充"调整图层，去除人物脸部的油光。❷ 按 Ctrl+J 快捷键复制"颜色填充"调整图层，加深肌肤的色调。

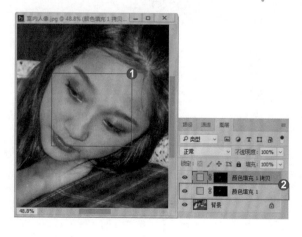

《《 180

4. 设置模糊参数

❶ 选择"颜色填充"调整图层，选择"滤镜"|"模糊"|"高斯模糊"命令，在弹出的警告对话框中单击"转换为智能对象"按钮，将填充图层转换为智能对象。❷ 在弹出的"高斯模糊"对话框中设置"半径"为 5 像素。

5. 协调脸部肌肤

❶ 用相同的方法，在"颜色填充 | 拷贝"调整图层上继续运用"高斯模糊"命令，设置模糊半径为 10 像素。❷ 选择"颜色填充 1"，创建曲线调整图层，按 Ctrl+Alt+G 组合键创建剪贴蒙版，并调整 RGB 通道的参数，让油光区域更加协调。❸ 用相同的方法，对"颜色填充 1 拷贝"进行曲线调整，协调脸部肌肤。

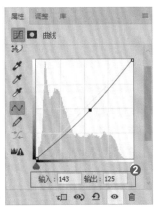

知识拓展

去除脸部油光，除了使用添加相近肤色外还可以使用通道法进行修复。将图片模式转换为 CMYK 模式，❶ 在通道面板中同时选择"洋红"与"黄色"通道。❷ 利用加深工具和减淡工具涂抹油光区域，即可去除油光。

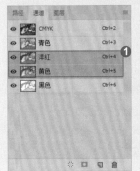

专家提示

在"通道"面板中选择通道，可按住 Shift 键进行选择。

★★☆☆☆
招式 114 快速去除人物面部痘痘

Q 去除人物脸上的痘痘，除了用 Photoshop 提供的修复工具外，还有其他的方法吗？

A 可以使用"Camera Raw 滤镜"中的"污点去除工具"去除痘痘，其使用方法与污点修复画笔工具一样。

1. 放大素材图像

❶ 打开本书配备资源中的"第9章\素材\招式114\公园人像.jpg"项目文件。选择"滤镜"|"Camera Raw 滤镜"命令，或按 Ctrl+Shift+X 组合键打开"Camera Raw 滤镜"对话框。❷ 选择工具栏中的 （缩放工具），放大图像。

2. 去除痘痘

❶ 选择工具栏中的 （污点去除工具），在右侧参数栏中设置"大小"为10，"不透明度"为100%。❷ 将光标放在需要修饰的斑点上，单击蓝色的圆将斑点选中。❸ 松开鼠标，旁边会出现一个绿白相间的圆。Camera Raw 会自动在斑点附近选择一处图像来修复选中的斑点。

3. 去除脸部其他的痘痘

❶ 将光标放置在绿白相间的取样框上，单击拖动鼠标可以更改取样的样本的范围。❷ 将光标放在红白相间的圈上，当光标变为 ↕ 形状时，拖动鼠标可以将选取框调大或调小。❸ 同上述去除斑点的操作方法，一次去除人物脸部的痘印，取消"显示叠加"复选框的选中，可查看图像效果。

 知识拓展

在"Camera Raw 滤镜"中，使用污点去除工具涂抹痘痘时，跟 Photoshop 中画笔放大一样，按] 键可以放大画笔，按 [键可以减小画笔。

★★★★★
招式 **115** 去除双下巴

Q 拍摄照片时，由于姿势不对，脸部很容易出现双下巴，这样让脸部显得比较胖，在 Photoshop 中可以去除人物的双下巴吗？

A 可以将双下巴区域选取出来，用仿制图章工具在肌肤上取样，涂抹去除多余的双下巴。

1. 绘制双下巴路径

❶ 打开本书配备资源中的"第 9 章 \ 素材 \ 招式 115\ 火车头人像 .jpg"项目文件。❷ 按 Ctrl+J 快捷键拷贝图层，得到"图层 1"图层。❸ 选择工具箱中的 ✍.（钢笔工具），设置工具选项栏中的"工具模式"为"路径"，在人物双下巴处绘制路径。

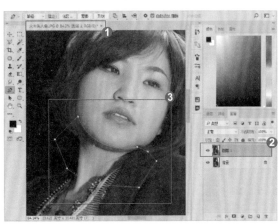

2. 仿制图章取样

❶ 按 Ctrl+Enter 快捷键将路径转换为选区。选择工具箱中的 ♣.（仿制图章工具），设置工具选项栏中的"不透明度"为 100%、"流量"为 100%。❷ 将光标放在脖子区域，按住 Alt 键单击取样。

3. 涂抹去除双下巴

❶ 释放 Alt 键，在双下巴上涂抹，在涂抹的过程当中注意脖子的光线走向。❷ 适当降低仿制图章工具的"不透明度"与"流量"参数，在头发边缘及衣领边分别区域，在头发处和衣领处进行涂抹，去除双下巴。❸ 按 Ctrl+D 快捷键取消选区，此时可观察去除双下巴的图像效果。

 ## 知识拓展

使用钢笔工具或形状工具绘图时，❶ 如果单击"路径"面板中的"创建新路径"按钮，新建一个路径层，然后再绘图，可以创建路径；❷ 如果没有按下 按钮而直接绘图，则创建的是工作路径。工具路径是一种临时路径，用于定义形状的轮廓。

★★☆☆☆
招式 116 去除黑痣

Q 去除脸部的黑痣，除了用修复工具去除外，还有其他的修复方法呢？

A 可以利用选择工具在黑痣附近创建选区，然后在皮肤完好处复制皮肤，直接替换即可。但该方法只适合小面积的瑕疵，如果要处理雀斑之类的瑕疵则需要使用其他的方法。

1. 创建选区

❶ 打开本书配备资源中的"第 9 章\ 素材\ 招式 116\ 人物 .jpg"项目文件。❷ 选择工具箱中的 （套索工具），在人物黑痣边创建选区。

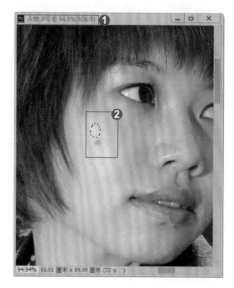

2. 去除黑痣

❶ 按 Ctrl+J 快捷键复制选区的内容至新的图层。❷ 选择工具箱中的 ✛（移动工具），将复制的图层移动至黑痣，遮盖住黑痣，也可按住 Ctrl+Alt 快捷键的同时拖动鼠标，复制选区内的内容至黑痣上。

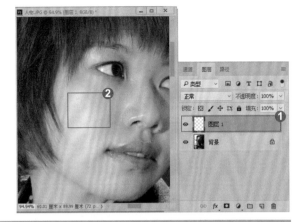

 知识拓展

Photoshop 中可以创建两种类型的选区：普通选区和羽化的选区。❶普通选区具有明确的边界，使用它选出的图像边界清晰、准确；❷使用羽化的选区选出的图像，其边界会呈现逐渐透明的效果；❸将对象与其他图像合成时，适当设置羽化可以使合成效果更加自然。

招式 117　去除人物雀斑

Q 脸上有些小雀斑会让人显得灵动，但是大片的雀斑就破坏了美感，在 Photoshop 中可以去除这些雀斑吗？

A 可以用"高反差保留"命令将雀斑区域选取出来，再用色阶或曲线命令调整即可去除雀斑。

1. 复制图层

❶ 打开本书配备资源中的"第 9 章 \ 素材 \ 招式 117\ 雀斑女孩 .jpg"项目文件。❷ 将"背景"图层拖动至面板下方的"创建新图层"按钮 上，复制背景图层，得到"背景拷贝"图层。❸ 切换至"通道"面板，选择蓝通道并复制该通道。

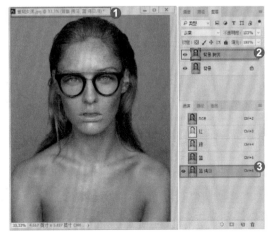

2. 高反差图像

❶ 选择"滤镜" | "其他" | "高反差保留"
命令，设置"半径"为 10 像素。❷ 单击"确定"
按钮关闭对话框，选择"图像" | "应用图像"
命令，在弹出的"应用图像"对话框中将混合
模式设置为"叠加"，让人物雀斑更加明显。

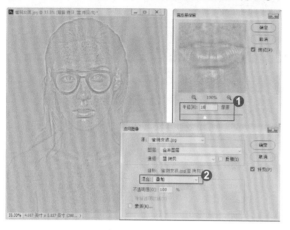

4. 去除雀斑

❶ 按 Ctrl+2 快捷键切换至复合通道，返回
"图层"面板，创建"曲线"调整图层，调整
RGB 通道，去除部分雀斑。❷ 选择工具箱中的
（画笔工具），用黑色画笔在人物眼睛、嘴唇、
轮廓处涂抹，还原图像。

3. 载入选区

❶ 单击"确定"按钮关闭对话框，重复
执行"应用图像"命令两次，让雀斑更加明显。
❷ 按住 Ctrl 键单击"蓝"通道复制，载入选区，
按 Ctrl+Shift+I 组合键反选选区。

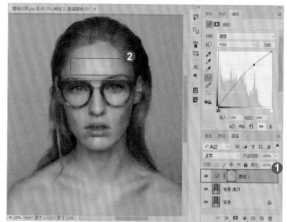

5. 去除瑕疵

❶ 按 Ctrl+Alt+Shift+E 组合键盖印可见图层。选择工具箱中的 （污点修复画笔工具），
在人物雀斑处单击，去除人物雀斑。❷ 按 Ctrl+Alt+2 组合键载入图像高光选区，按 Ctrl+Shift+I

组合键反选选区，创建
"曲线"填充图层，调
整 RGB 通道，提亮人物
肌肤。❸ 选择工具箱中
的 （套索工具），在
人物嘴唇上创建选区，
羽化 5 个像素，创建"色
彩平衡"调整图层，调
整嘴唇的颜色。

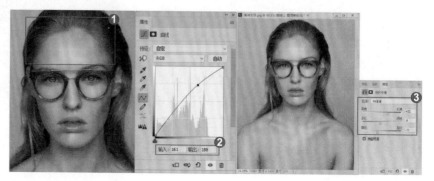

知识拓展

　　"应用图像"对话框中有"源"、"目标"和"混合"三个选项组。"源"是指参与混合的对象；"目标"是指被混合的对象（即执行该命令前选择的图层或通道）；"混合"选项组用来控制两者如何混合。

参与混合的对象

被混合的对象

混合控制选项

★★☆☆☆

招式 **118** 提升面部美白效果

Q 俗话说"一白遮三丑"，那么如何在 Photoshop 当中只提升人物的皮肤美白程度而不改变周围的环境呢？

A 可以将皮肤单独选择出来进行调整，这样就不会影响背景。

1. 提亮图像整体亮度

　　❶ 打开本书配备资源中的"第 9 章 \ 素材 \ 招式 118\ 人物 .jpg"项目文件。❷ 按 Ctrl+J 快捷键复制背景图层，得到"图层 1"。❸ 选择"图像"|"应用图像"命令，在弹出的"应用图像"对话框中设置混合模式为"滤色"。

2. 选择皮肤区域

　　❶ 设置"不透明度"为 50%，提亮图像整体色调。❷ 选择工具箱中的 （快速选择工具），在人物肌肤上单击，选择肌肤区域。❸ 按 Shift+F6 快捷键打开"羽化选区"对话框，设置参数为 50 像素。

3. 调整局部皮肤

❶ 单击"调整"面板上的  按钮，创建"曲线"调整图层，拖动滑块设置 RGB 通道参数，提亮选区内的肌肤色调。❷ 单击"调整"面板上的 按钮，创建"色阶"调整图层，拖动左右两侧滑块，加强图像对比度。❸ 按 Ctrl+Shift+Alt+E 组合键盖印可见图层，使用污点修复画笔工具去除人物脸部斑点，美白肌肤。

 知识拓展

如果当前图像中有选区存在，则使用选框、套索和魔棒工具继续创建选区时，按住 Shift 键可以在当前选区上添加选区，相当于单击"添加到选区"按钮 ；按住 Alt 键可以在当前选区中减去绘制的选区，相当于单击"从选区减去"按钮 ；按住 Shift+Alt 快捷键可以得到与当前选区相交的选区，相当于单击"与选区交叉"按钮 。

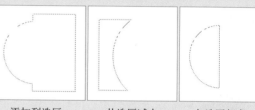

| 添加到选区 | 从选区减去 | 与选区相交 |

招式 **119** 保持肌肤纹理的柔肤处理

Q 在美化肌肤的时候，会或多或少的丢失掉一些皮肤的纹理，那么该如何保留这些纹理呢？

A 在处理肌肤时，要随着肌肤的纹理去除瑕疵，然后将皮肤不自然的区域单独进行调整，让肌肤保持协调。

1. 修复瑕疵

❶ 打开本书配备资源中的"第9章\素材\招式 119\室内写真 .jpg"项目文件。❷ 按 Ctrl+ "+"快捷键放大图像，按 Ctrl+J 快捷键复制图层。选择工具箱中的 （污点修复画笔）工具，修复人物肌肤上的瑕疵。

2. 吸取脸上暗部区域

❶ 选择工具箱中的 ⬜（修补工具），去除人物肌肤上多余的发丝。❷ 按 Ctrl+J 快捷键拷贝图层，选择"选择"|"色彩范围"命令，在弹出的"色彩范围"对话框中用吸管在人物脸颊处单击，吸取与脸颊相同的颜色区域。

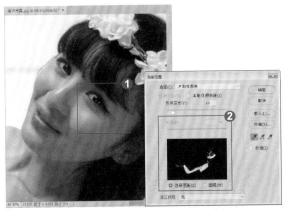

3. 提亮人物肤色

❶ 单击"确定"按钮关闭对话框，选择"选择"|"修改"|"羽化"命令，在弹出的"羽化选区"对话框中设置"羽化半径"为20像素。❷ 单击"图层"面板下方的"创建新的填充或调整图层"按钮 ⬤，创建"色阶"调整图层，拖动滑块，调整选区内的图像，提亮人物肤色。

4. 调整人物色调

按 Ctrl+Shift+Alt+E 组合键盖印图层，选择"滤镜"|"Camera Raw 滤镜"命令，弹出"Camera Raw 滤镜"对话框。在该对话框中分别调整"HSL/灰度"中的"色相""饱和度"和"明亮度"，逐一调整各个颜色。单击"确定"按钮可在 Photoshop 中打开图像。

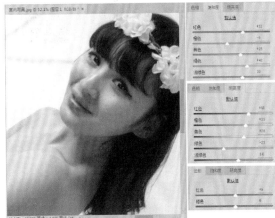

知识拓展

"色彩范围"命令、魔棒和快速选择工具都是基于色调差异创建选区。而"色彩范围"命令可以创建带有羽化的选区，也就是说，选区的图像会呈现透明效果。魔棒和快速选择工具则不能。

原图　　　　　魔棒工具抠图　　　"色彩范围"命令抠图

★★★☆☆

招式 120 高反差保留柔化皮肤

Q "高反差保留"命令可以柔化肌肤吗？这个命令一般是如何使用的呢？

A "高反差保留"命令可以通过保留边缘细节来选取图像，可以与"通道""应用图像"或是"计算"命令配合着使用。

1. 修复肌肤瑕疵

❶ 打开本书配备资源中的"第9章\素材\招式120\人像.jpg"项目文件。❷ 按Ctrl+J快捷键复制背景图层，得到"图层1"图层。❸ 按Ctrl+"+"快捷键放大图像，选择工具箱中的 ，修复人物肌肤上的瑕疵。

2. 拷贝蓝通道

❶ 选择工具箱中的 ，去除人物发丝、黑眼圈等瑕疵区域。❷ 按Ctrl+J快捷键复制图层，切换至"通道"面板，将"蓝"通道拖动到面板下方的"创建新通道"按钮 ![] 上，复制"蓝"通道。

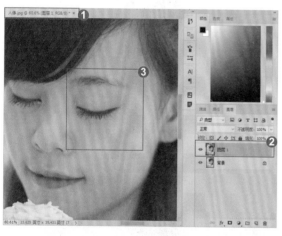

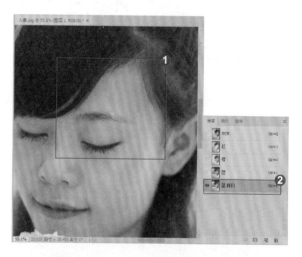

3. 细化人物边缘

❶ 选择"滤镜"|"其他"|"高反差保留"命令，在弹出的"高反差保留"对话框中设置"半径"为10像素。❷ 单击"确定"按钮关闭对话框。选择"滤镜"|"其他"|"最小值"命令，弹出"最小值"对话框，设置"半径"为1像素、"保留"为"方形"。❸ 选择"图像"|"计算"命令，在弹出的"计算"对话框中设置"混合"模式为"强光"，其他参数保留默认数值。

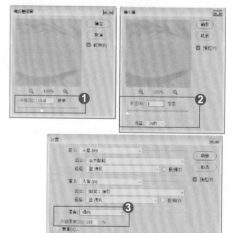

4. 载入选区

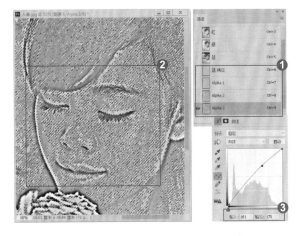

❶ 重复选择"计算"命令两次，得到 Alpha2 和 Alpha3 通道。❷ 按住 Ctrl 键单击 Alpha3 通道载入选区，按 Ctrl+Shift+I 组合键反选选区。❸ 在"通道"面板中，选择 RGB 通道，切换至"图层"面板，单击"图层"面板下的"创建新的填充或调整图层"按钮，创建"曲线"调整图层，调整 RGB 通道，提亮选区中人物肌肤。

5. 美化肌肤

❶ 如果标注在人物擦除后的皮肤上不会太显，反而将擦除的区域范围截取出来更为合适。
❷ 按 Ctrl+Shift+Alt+E 组合键盖印图层，选择"滤镜"|"锐化"|"USM 锐化"命令，在弹出的"USM 锐化"对话框中设置参数，锐化人物。❸ 选择"图像"|"调整"|"可选颜色"命令，在弹出的"可选颜色"对话框中选择"黄色"通道，去除人物肌肤黄色调，美化肌肤。

知识拓展

　　"高反差保留"滤镜可以在有强烈颜色对比发生的地方按指定的半径保留边缘细节，并且不显示图像的其余部分。该滤镜对于从扫描图像中选取艺术线条和大的黑白区域非常有用。通过"半径"值可调整原图像保留的程度，该值越高，保留的原图像越多。如果该值为 0，则整个图像会变为灰色。

★★★★★
招式 121 使用"高斯模糊"滤镜快速磨皮

Q 使用"高斯模糊"滤镜对皮肤进行修饰时，为什么还要和蒙版一起使用呢？

A "高斯模糊"命令模糊的是整个人物的肌肤状态，而且模糊出来的肌肤失去了轮廓和层次，需要用蒙版将原有的轮廓进行还原。

1. 修复瑕疵

❶ 打开本书配备资源中的"第9章\素材\招式121\照片.jpg"项目文件。❷ 按 Ctrl+J 快捷键复制背景图层，得到"图层1"图层。❸ 选择工具箱中的 🖌 (污点修复画笔) 工具，修复肌肤瑕疵。

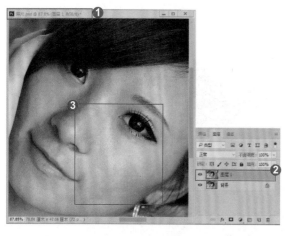

2. 编辑快速蒙版

❶ 按 Ctrl+J 快捷键拷贝图层，单击工具箱中的 ▣ (以快速蒙版编辑模式)，进入快速蒙版编辑模式。❷ 选择工具箱中的 🖌 (画笔工具)，在人物肌肤上涂抹，避开人物脸部的眼睛和嘴唇。

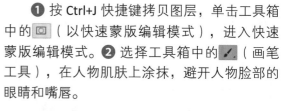

3. "高斯模糊"模糊肌肤

❶ 选择"以标准模式编辑"按钮 ▣，返回标准编辑模式，红色区域以外的部分生成选区。❷ 按 Ctrl+Shift+I 组合键反选选区，按 Shift+F6 快捷键，将弹出"羽化选区"对话框，设置"羽化半径"为 20 像素。❸ 选择"滤镜"|"模糊"|"高斯模糊"命令，在弹出的"高斯模糊"对话框中设置模糊半径为 3.5 像素。

4. 调整图层顺序

❶ 单击"确定"按钮关闭对话框，模糊人物肌肤。❷ 按 Ctrl+D 快捷键取消选区，在"图层"面板中选择"图层 1"图层，按 Ctrl+J 快捷键复制图层，按 Ctrl+Shift+] 组合键将复制图层置入最顶层。❸ 选择"图像"|"应用图像"命令，在弹出的"应用图像"对话框中设置参数。

5. 还原肌肤轮廓

❶ 单击"确定"按钮关闭对话框，选择"滤镜"|"其他"|"高反差保留"命令，设置"高反差保留"对话框中的"半径"为 3 像素。❷ 单击"确定"按钮关闭对话框，设置该图层的混合模式为"叠加"，加强人物轮廓。❸ 单击"图层"面板底部的"添加图层蒙版"按钮 ，为该图层添加蒙版，使用黑色的画笔工具，降低不透明度在人物脸部涂抹，模糊肌肤。

6. 加强人物对比

❶ 按 Ctrl+Alt+2 组合键载入高光选区，选择"选择"|"反选"命令，反选选区。❷ 单击"图层"面板底部"创建新的填充或调整图层"按钮 ，创建"曲线"调整图层，在弹出的"曲线"对话框中调整 RGB 通道的参数，提亮肌肤，加强人物的对比度。

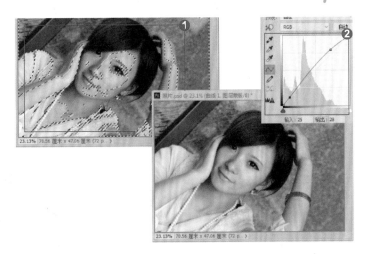

知识拓展

　　"高斯模糊"滤镜可以添加低频细节，使图像产生一种朦胧效果。通过调整"半径"值可以设置模糊的范围，它以像素为单位，数值越高，模糊效果越强烈。

★★☆☆☆

招式 122 使用"蒙尘与划痕"滤镜快速磨皮

Q 使用"蒙尘与划痕"滤镜命令处理肌肤是常见的磨皮肌肤技法，那该命令如何应用呢？

A 使用该命令处理肌肤后，添加蒙版还原肌肤的轮廓，锐化肌肤轮廓即可。

1. 修复肌肤瑕疵

❶ 打开本书配备资源中的"第 9 章 \ 素材 \ 招式 122\ 梧桐树下 .jpg"项目文件。❷ 按 Ctrl+J 快捷键复制背景图层，得到"图层 1"图层。❸ 按 Ctrl+"+"快捷键放大图像，选择工具箱中的 🖌（污点修复画笔工具），修复人物肌肤上的瑕疵。

2. 去除黑眼圈

❶ 选择工具箱中的 🔦（减淡工具），设置工具选项栏中的"范围"为"中间调"、"曝光度"为 8%，在人物眼睛下方涂抹，去除黑眼圈。❷ 选择工具箱中的 🩹（修补工具），去除人物黑眼圈。

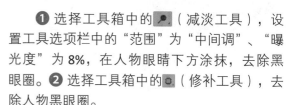

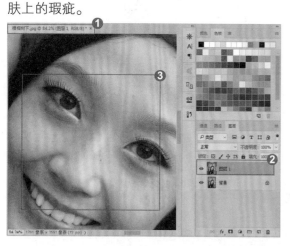

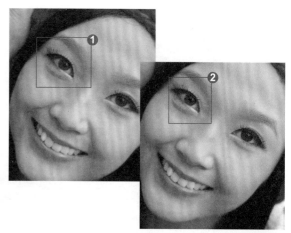

3. 美化肌肤

❶ 按 Ctrl+J 快捷键复制图层，选择"滤镜"|"杂色"|"蒙尘与划痕"命令，在弹出的"蒙尘与划痕"对话框中设置参数，柔化肌肤。❷ 单击"确定"按钮关闭对话框，按住 Alt 键单击"图层"面板底部的"添加图层蒙版"按钮 ⬜，为该"图层"添加一个反相的蒙版。❸ 选择工具箱中的 🖌（画笔工具），设置前景色为白色，适当降低画笔的不透明度，在人物瑕疵区域涂抹，美化肌肤。

4. 加强人物轮廓

❶ 按 Ctrl+Shift+Alt+E 组合键盖印图层。选择 "滤镜" | "其他" | "高反差保留" 命令，在弹出的 "高反差保留" 对话框中设置 "半径" 为 5 像素。❷ 单击 "确定" 按钮关闭对话框，设置该图层的混合模式为 "柔光"，增加人物皮肤的质感，加强人物的轮廓。

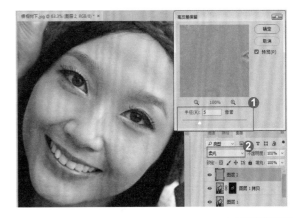

知识拓展

"蒙尘与划痕" 滤镜可通过更改相异的像素来减少杂色，该滤镜对于去除扫描图像中的杂点和折痕特别有效。为了在锐化图像和隐藏瑕疵之间取得平衡，可尝试 "半径" 与 "阈值" 设置的各种组合。半径值越高，模糊程度越强；阈值则用于定义像素差异的有多大才能被视为杂点，该值越高，去除杂点的效果就越弱。

 招式 123 "表面模糊" 滤镜磨皮法

Q "表面模糊" 滤镜和 "高斯模糊" 滤镜处理肌肤时有何区别？

A "高斯模糊" 滤镜是让图像整体产生一种朦胧效果，而 "表面模糊" 滤镜可以在保留边缘细节的同时模糊图像，一般常用该滤镜对人物进行磨皮处理。

1. 修复肌肤瑕疵

❶ 打开本书配备资源中的 "第 9 章 \ 素材 \ 招式 123\ 人像照片 .jpg" 项目文件。❷ 按 Ctrl+J 快捷键复制背景图层，得到 "图层 1" 图层。❸ 按 Ctrl+ "+" 快捷键放大图像，选择工具箱中的 （污点修复画笔工具），修复人物肌肤上的瑕疵。

2. 模糊图像

❶ 按 Ctrl+J 快捷键复制图层，选择"滤镜" | "模糊" | "表面模糊"命令，在弹出的"表面模糊"对话框中设置"半径"为5像素，"阈值"为15色阶。❷ 单击"确定"按钮模糊人物肌肤，单击"添加图层蒙版"按钮 ▣ 为该图层添加一个蒙版。

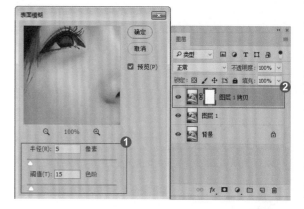

3. 加强人物对比

❶ 选择工具箱中的 ✎ （画笔工具），设置前景色为黑色，适当降低画笔的不透明度，在人物五官上涂抹，还原图像。❷ 按 Ctrl+Shift+Alt+E 组合键盖印图层，选择"滤镜" | "锐化" | "USM 锐化"命令，在弹出的"USM锐化"对话框中，设置相关参数，锐化人物。

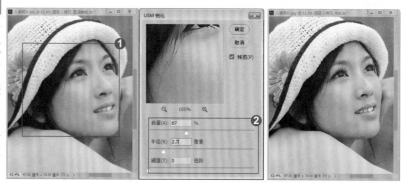

知识拓展

"表面模糊"滤镜能够在保留边缘的同时模糊图像，可用来创建特效并消除杂色和颗粒，用该滤镜为人像照片磨皮，效果非常好。"半径"选项用来指定模糊取样区域的大小；"阈值"选项用来控制相邻像素色调值与中心像素值相差多大时才能成为模糊的一部分，色调值差小于阈值的像素将被排除在模糊之外。

招式 124　通道磨皮法

Q 我们除了使用"通道"进行抠图外，通道还有哪些作用呢？

A "通道"不仅可以抠图，还可以调整颜色，运用的最多的就是对皮肤进行修饰。

1. 修复肌肤瑕疵

❶ 打开本书配备资源中的"第9章\素材\招式124\照片.jpg"项目文件。❷ 按 Ctrl+J 快捷键复制背景图层，得到"图层1"图层。❸ 按 Ctrl+"+"快捷键放大图像，选择工具箱中的 （污点修复画笔工具），修复人物肌肤上的瑕疵。

2. 载入选区

❶ 选择"选择"|"色彩范围"命令，弹出"色彩范围"对话框，单击"添加到取样"按钮 🖉，吸取人物肌肤区域。❷ 按 Ctrl+J 快捷键复制选取的内容至新的图层中，选择"滤镜"|"模糊"|"表面模糊"命令，在弹出的"表面模糊"对话框中设置模糊参数。

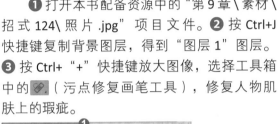

3. 柔化肌肤

❶ 按住 Ctrl 键单击"红"通道，载入选区。返回"图层"面板，单击"添加图层蒙版"按钮 ▣，添加蒙版。❷ 选中复制的皮肤图层，选择工具箱中的 ▲（仿制图章工具），设置画笔的不透明度为 60%，按住 Alt 键在人物脸上进行取样。❸ 松开 Alt 键，在人物脸部进行涂抹，由于人物脸部肌肤颜色不均匀，在涂抹的过程当中需要不断的取样皮肤颜色。

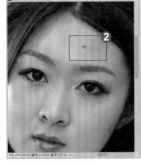

知识拓展

　　选择"通道"面板菜单中的"分离通道"命令,可以将通道分离成为单独的灰度图像文件。其标题栏中的文件名为原文件的名称加上该通道的缩写,原文件则被关闭。当需要在不能保留通道的文件格式中保留单个通道信息时,分离通道非常有用。需要注意的是,Photoshop格式分层图像不能进行分离通道的操作。

招式 125 使用外部滤镜磨皮

Q 使用 Photoshop 一步一步处理肌肤特别的麻烦,有没有更加快捷的方法呢?

A 可以利用外挂皮肤滤镜来处理肌肤,一步到位,简单省事。

1. 安装外挂滤镜

　　❶ 选择两个外挂滤镜并将其进行复制。❷ 打开 Photoshop 安装位置,将其粘贴到 Plug-in 目录文件夹下。❸ 重新运行 Photoshop CC2017,在"滤镜"菜单底部便可以看到安装的外挂滤镜。

2. 调整图像对比度

　　❶打开本书配备资源中的"第9章\素材\招式125\人物.jpg"项目文件。❷选择"图像"|"自动对比度"命令或按 Ctrl+Alt+Shift+L 组合键自动调整图像的对比度,加深图像的层次。

3. 去除瑕疵

❶ 按 Ctrl+J 快捷键复制图层，放大图像。选择工具箱中的 ![笔] （污点修复画笔工具）， 去除脸上瑕疵。❷ 选择"滤镜"|Imageromic|Portraiture 命令。

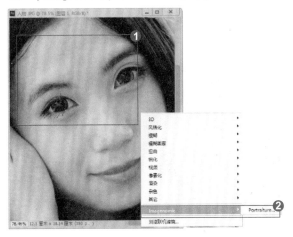

4. 调整参数柔化肌肤

❶ 在弹出的"Portraiture"对话框中，单击"垂直分割预览窗口"按钮![II]。❷ 显示对比窗口，并在右侧参数栏中设置参数，柔化肌肤。

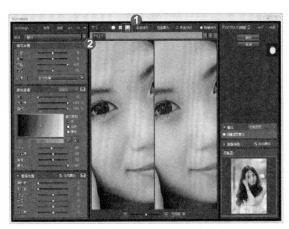

5. 查看肌肤效果

单击"确定"按钮关闭对话框，可在 Photoshop 中查看肌肤柔化效果。

 知识拓展

　　许多知名的软件公司都曾开发过独具特色的滤镜插件，例如 Ulead、Extensis 等。外挂滤镜有的用于出售，有的免费发放，有些还提供了试用版。我们可以到网上下载一些试用版，或者购买这些滤镜。

★★★★☆☆ **招式 126 高反差锐化技法**

Q 高反差锐化技法不就是使用"锐化"滤镜的操作技法吗？

A 不是的，高反差锐化技法用高反差命令将图像的边缘进行保留，再使用锐化命令对其锐化，这样可以最大化地保留细节层次。

1. 加强图像对比度

❶ 打开本书配备资源中的"第9章\素材\招式126\公园人像.jpg"项目文件。❷ 按 Ctrl+J 快捷键复制背景图层，得到"图层1"图层。❸ 设置复制图层的混合模式为"柔光"、不透明度为30%，加强图像的对比度。

2. 高反差保留图像

❶ 按 Ctrl+Alt+Shift+E 组合键盖印图层。❷ 选择"滤镜"|"其他"|"高反差保留"命令，在弹出的"高反差保留"对话框中设置"半径"为3.5像素。❸ 单击"确定"按钮关闭对话框，设置盖印图层的混合模式为"叠加"，锐化图像。

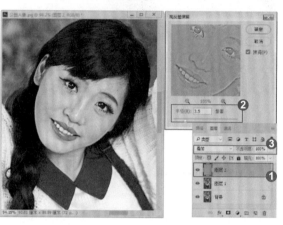

3. 锐化人物

❶ 在"图层"面板中单击鼠标右键，在弹出的快捷菜单中选择"合并可见图层"命令，将所有图层合并为一个图层。❷ 选择"滤镜"|"杂色"|"减少杂色"命令，在弹出的"减少杂色"对话框中设置相关参数，模糊新增加的杂色。❸ 按 Ctrl+J 快捷键复制图层，选择"滤镜"|"锐化"|"USM 锐化"命令，在弹出的"USM 锐化"对话框中设置数量和半径参数，锐化人物。

知识拓展

在"减少杂色"滤镜对话框中单击"高级"按钮，可以显示"高级"选项。其中，"基本"选项卡与基本调整方式中的选项完全相同。"每通道"选项卡可以对各个颜色通道进行处理。如果亮度杂色在一个或两个颜色通道中较明显，便可以从"通道"菜单中选取颜色通道，拖动"强度"和"保留细节"滑块减少该通道的杂色。

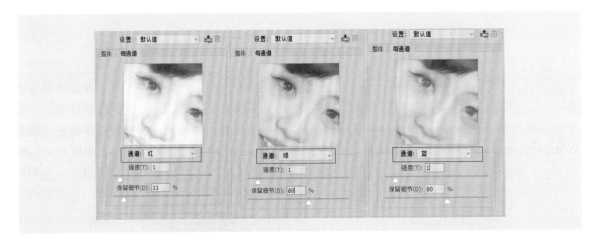

★★★☆☆
招式 **127** 正确的 USM 锐化法

Q 在拍摄人像照片时，有时候因为相机抖动或是其他的原因，造成人物脸部轮廓不清晰，该怎么办呢?

A 可以在 Photoshop 中用"USM 锐化"滤镜命令加强人物轮廓细节。

1. 拷贝通道

❶ 打开本书配备资源中的"第 9 章 \ 素材 \ 招式 127\ 人物 .jpg"项目文件。❷ 按 Ctrl+J 快捷键复制背景图层，得到"图层 1"图层。❸ 切换至"通道"面板，观察通道，发现蓝通道细节保留最多，复制"蓝"通道，得到"蓝 拷贝"通道。

2. 模糊图像

❶ 选择"滤镜"|"滤镜库"命令，弹出"滤镜库"对话框，在"风格化"选项中选择"照亮边缘"选项，设置相关参数。❷ 对"蓝"通道复制，选择"滤镜"|"模糊"|"高斯模糊"命令，设置参数，模糊图像。

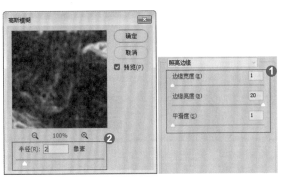

3. 载入选区

❶ 按 Ctrl+L 快捷键打开"色阶"对话框，在该对话框中调整滑块的位置，加强对比。

❷ 单击"确定"按钮关闭对话框，按住 Ctrl 键单击"蓝 拷贝"通道，载入选区，返回"图层"面板，将"图层 1"拖动至"创建新图层"按钮上，复制图层。

4. 锐化人物

❶ 选择"滤镜"|"滤镜库"命令，弹出"滤镜库"对话框，在"艺术效果"选项中选择"绘画涂抹"选项，设置参数。❷ 单击"确定"按钮关闭对话框，按 Ctrl+D 快捷键取消选区，选择"滤镜"|"锐化"|"USM 锐化"命令，在弹出的"USM 锐化"对话框中设置相关参数，锐化人物。

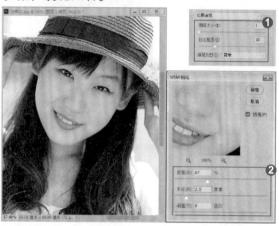

知识拓展

"锐化边缘"与"USM 锐化"滤镜都可以查找图像中颜色边缘发生显著变化的区域，然后将其锐化。"锐化边缘"滤镜只锐化图像的边缘，同时保留总体的平滑度。"USM 锐化"滤镜则提供了选项，对于专业的色彩校正，可以使用该滤镜调整边缘细节的对比度。

锐化边缘　　　　　　　　USM 锐化

★★★★★
招式 128 扩散亮光让皮肤更白皙

Q 拍摄出来的照片既偏色，人物又偏暗，该如何让皮肤更加白皙呢？

A 可以在 Photoshop 中将偏色照片校正，然后用"扩散亮光"命令美白肌肤即可。

1. 校正偏色照片

❶ 打开本书配备资源中的"第 9 章 \ 素材 \ 招式 128\ 室内人像 .jpg"项目文件。❷ 按 Ctrl+J 快捷键复制背景图层，得到"图层 1"图层。❸ 选择"图像"|"调整"|"色阶"命令或按 Ctrl+L 快捷键，打开"色阶"对话框，选择"在图像中取样并设置白场"按钮 ，在白色窗帘上单击，校正偏色。

2. 美白人物肌肤

❶ 按 Ctrl+J 快捷键再次复制图层，选择"滤镜"|"滤镜库"命令，在弹出的"滤镜库"对话框中选择"扭曲"选项，在弹出的下拉列表中选择"扩散亮光"选项，提亮图像整体色调。❷ 按住 Alt 键单击"添加图层蒙版"按钮 ，添加一个反相的蒙版，选择工具箱中的 （画笔工具），设置前景色为白色，用画笔涂抹肌肤，美白肌肤。

3. 增加图像饱和度

单击"图层"面板下方的"创建新的填充或调整图层"按钮 ●.，创建"色相 / 饱和度"调整图层，调整"饱和度"参数，增加图像整体的饱和度。

知识拓展

在"色阶"对话框中，❶ 使用"设置黑场"按钮 🖊 单击图像，可以将单击点的像素调整为黑色，原图中比该点暗的像素也变为黑色；❷ 使用"设置灰场"按钮 🖊 单击图像，可根据单击点像素的亮度来调整其他中间色调的平均亮度；❸ 使用"设置白场"按钮 🖊 单击图像，可以将单击点的像素调整为白色，比该点亮度值高的像素也都会变为白色。

★★★★★

招式 129 平衡色调展现白嫩肌肤

🕐

Q 如何利用 Photoshop 平衡色调展现白嫩肌肤呢？

A 可以在 Camera Raw 滤镜中调整色相、饱和度、明度等参数，让颜色恢复自然。

1. 打开"Camera Raw 滤镜"对话框 🕐

❶ 打开本书配备资源中的"第 9 章\ 素材\ 招式 129\ 室外人像 .jpg"项目文件。❷ 按 Ctrl+J 快捷键复制背景图层，得到"图层 1"图层。❸ 选择"滤镜"|"Camera Raw 滤镜"命令或按 Ctrl+Shift+A 组合键，弹出"Camera Raw 滤镜"对话框。

2. 调整"HSL/ 灰度"参数 🕐

❶ 单击右侧"HSL/ 灰度"选项，在弹出的参数栏中选择"色相"，调整"绿色"色相，让绿色植物更加翠绿。❷ 选择"饱和度"选项，拖动"蓝色""绿色"滑块，增加画面中绿色及蓝色的饱和度。❸ 选择"明亮度"选项，拖动"蓝色""黄色"滑块，提亮衣服及肤色的亮度。

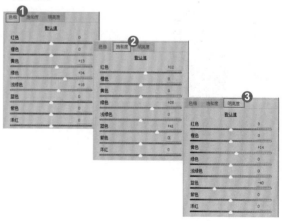

3. 柔化肌肤

❶ 单击"确定"按钮关闭对话框，按 Ctrl+J 快捷键复制图层。选择"滤镜"|"杂色"|"蒙尘与划痕"命令，弹出"蒙尘与划痕"对话框，设置相关参数，柔和肌肤。❷ 单击"确定"按钮关闭对话框，按住 Alt 键单击"添加图层蒙版"按钮 ◻，创建一个反相的蒙版。❸选择工具箱中的 ✐（画笔工具），设置前景色为白色，适当降低画笔的不透明度，在人物脸部涂抹，对人物进行磨皮处理。

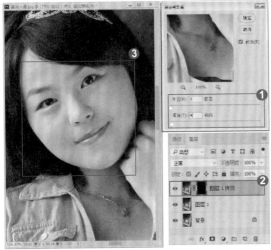

5. 提亮图像整体色调

❶ 单击"确定"按钮关闭对话框，按 Ctrl+D 快捷键取消选区，锐化人物。❷ 按 Ctrl+Alt+2 组合键载入高光区域，按 Shift + Ctrl+I 组合键反选选区，单击"调整"面板中的"创建曲线调整图层"按钮 ▦，创建"曲线"调整图层，调整 RGB 参数，提亮图像整体色调。

4. 锐化人物

❶ 盖印可见图层，切换至"通道"面板，复制"绿"通道，选择"滤镜"|"滤镜库"命令，打开"滤镜库"对话框，在"风格化"选项中选择"照亮边缘"选项，设置相关参数。❷ 按 Ctrl 键单击复制的通道，载入选区，返回"图层"面板，拖动图层至"创建新图层"按钮上，复制图层。❸选择"滤镜"|"滤镜库"|"艺术效果"|"绘画涂抹"命令，在弹出的对话框中设置参数。

知识拓展

在 Camera Raw 滤镜中单击"HSL/灰度"按钮，可以显示色相、饱和度、明亮度等选项。该选项卡与 Photoshop 的"色相/饱和度"命令非常相似，可以调整各种颜色的色相、饱和度和明亮度。"色相"选项可以改变颜色；"饱和度"选项可以调整各种颜色的鲜明度或颜色纯度；"明亮度"选项可以调整各种颜色的亮度；选中"转换为灰度"复选框后，可以将彩色照片转换为黑白效果，并显示一个嵌套选项卡"灰度混合"，拖动此选项卡中的滑块可以指定每个颜色范围在图像灰度中所占的比例，类似于 Photoshop 的"黑白"命令。

10 第 10 章

经典 V 型之修饰
脸型轮廓

对于人像近照，几乎所有不好看的部分都可以用 Photoshop 来处理，通过处理能够使脸部更加完美，在 Photoshop 中修饰人物脸部时，需要根据脸部结构对其进行相应的处理。尤其是"液化"滤镜中新增加的"人脸识别"功能，能够快速地对人物五官进行调整。

★★★★★
招式 130 增强五官的立体感

Q 我们经常看到模特照片的五官结构分明，并且都立体感十足，那么如何使用 Photoshop 增强人物五官的立体感呢？

A 在 Photoshop 中，在通道中调出亮部的选区，将图层模式设置为"柔光"，增强亮部，再对选区进行反选，将图层模式设置为"正片叠底"，增强暗部，就可以增强五官的立体感。

1. 打开图像素材

❶ 打开本书配备资源中的"第 10 章\素材\招式 130\照片.jpg"项目文件。❷ 按 Ctrl+J 快捷键复制一个图层。

2. 绘制脸部路径

❶ 按 P 键，选择工具箱中的 （钢笔工具）。❷ 在图像上将人物脸部绘制路径，❸ 单击鼠标右键，从弹出的快捷菜单中选择"建立选区"命令，弹出"建立选区"对话框，设置参数，单击"确定"按钮。

3. 载入选区

❶ 按 Ctrl+J 快捷键复制选区，得到"图层 2"。❷ 单击背景层的眼睛图标 ，隐藏背景图层，在"通道"面板中选择"蓝"通道。❸ 按住 Ctrl 键单击缩览图，载入选区。

4. 设置混合模式

❶ 单击 RGB 通道，返回到"图层"面板，将图层 2 拖动至"创建新图层"按钮 上，得到"图层 2 拷贝"。❷ 在"图层"面板上把"图层 2 拷贝"的图层模式更改为"柔光"，"不透明度"设置为 60%。❸ 载入蓝通道选区，按 Ctrl+Shift+I 组合键将选区进行反选。

5. 加深五官轮廓

❶ 在"图层"面板中选择"图层 2"，按 Ctrl+J 快捷键复制选区，得到"图层 3"。❷ 在"图层"面板上设置"图层 3"的混合模式为"正片叠底"，调整"不透明度"为 60%。❸ 按 Ctrl+D 快捷键取消选区，增强五官的立体感操作完成。

6. 调整头发边缘暗部区域

❶ 盖印可见图层，选择工具箱中的 （加深工具），设置工具选项栏中的"范围"为中间调、"曝光度"为 20，在人物脸部涂抹，增强五官的立体感。❷ 选择工具箱中的 （魔棒工具），在头发边缘单击创建选区，羽化 10 像素，创建"色阶"调整图层，拖动滑块调整头发边缘暗部区域。

知识拓展

　　当图层混合模式为"柔光"时，当前图层中的颜色决定了图像变亮或变暗。如果当前图层中的像素比 50% 灰色亮，则图像变亮；如果像素比 50% 灰色暗，则图像变暗。产生的效果与发散的聚光灯照在图像上相似。

招式 131 修复高颧骨

Q 如果一张人像照片中的美女颧骨过高，那么在 Photoshop 中有什么方法可以修复高颧骨呢？

A 颧骨过高，主要是其形成的阴影使得看起来颧骨很高，所以在 Photoshop 中可以使用"修复画笔工具"，抹掉颧骨形成的阴影，就可以修复高颧骨了。

1. 打开图像素材

❶ 打开本书配备资源中的"第 10 章 \ 素材 \ 招式 131\ 照片 .jpg"项目文件。❷ 按 Ctrl+J 快捷键复制一个图层。

2. 缩放图像

❶ 按 Z 键，选择工具箱中的 🔍（缩放工具）。❷ 在图像上单击，把图像放大到脸部。

3. 修复高颧骨

❶ 选择工具箱中的 🖊（修复画笔工具）。❷ 在工具选项栏中设置画笔参数,将"源"设置为"取样"，在图像上按住 Alt 键取样皮肤颜色，单击鼠标涂抹掉颧骨形成的阴影和笑纹。❸ 将"图层 1"的不透明度调整为 80%。❹ 修复高颧骨完成效果。

知识拓展

选择"编辑"|"首选项"|"工具"命令，弹出"首选项"对话框，在对话框中选中"用滚轮缩放"复选框打开一张人像图片，滚动鼠标中间的滚轮可以随意放大或缩小图像。

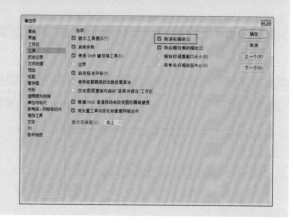

招式 132 减淡与加深塑造面部层次

Q 我们现在拍摄的人像照片都会进行磨皮处理，虽然皮肤会变好，却使人物面部没有了层次感，那么如何使用 Photoshop 塑造面部层次呢？

A 在 Photoshop 中新建"中性灰"图层，使用"加深"和"减淡"工具，对人物的面部涂抹，就可以塑造出面部层次。

1. 打开图像素材

❶ 打开本书配备资源中的"第 10 章 \ 素材 \ 招式 132\ 照片 .jpg"项目文件。❷ 按 Ctrl+J 快捷键复制一个图层。

2. 设置填充

❶ 单击"图层"面板底部的"新建图层"按钮 。❷ 在菜单栏中选择"编辑"|"填充"命令。❸ 弹出"填充"对话框，设置填充内容为"50% 灰色"，填充模式为"柔光"，单击"确定"按钮。

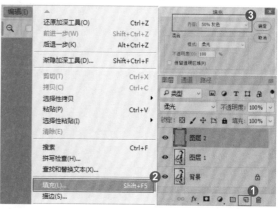

3. 加深人物暗部

❶ 按 O 键，选择工具箱中的 ◔（加深工具）。❷ 在工具选项栏中设置"曝光度"为 50%。❸ 在图像上涂抹面部暗部。

4. 提亮人物亮部

❶ 在"图层"面板中单击背景图层的眼睛图标隐藏背景层，只显示中性灰图层。❷ 即可看到涂抹的部位。

5. 查看涂抹的亮部

❶ 按 O 键，选择工具箱中的 ◔（减淡工具）。在图像上涂抹面部的亮部。❷ 隐藏背景层查看涂抹的亮部。

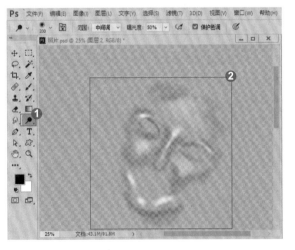

6. 塑造面部层次

❶ 在"图层"面板中将"图层 2"的"不透明度"调整为 80%，使涂抹的面部比较自然。❷ 塑造面部层次的完成效果。

 知识拓展

应用在中性色图层上的滤镜、图层样式等可以进行编辑和修改。例如，我们可以移动滤镜或效果的位置，也可以通过不透明度来控制效果的强度，或者用蒙版遮盖住部分效果。而普通图层则无法进行这样的操作。

招式 133 让面部五官更对称

Q 仔细看每个人的眼睛、眉毛都不是完全对称的，是否可以通过 Photoshop 处理，让面部的五官看起来更加对称呢？

A 在 Photoshop 中打开"液化"滤镜，使用"膨胀"、"褶皱"和"向前变形"工具，在图像上调整人物的五官，就能让面部五官更对称。

1. 打开图像素材

❶ 打开本书配备资源中的"第 10 章 \ 素材 \ 招式 133\ 照片 .jpg"项目文件。❷ 按 Ctrl+J 快捷键复制一个图层。

2. 缩放图像

❶ 在菜单栏中选择"滤镜"|"液化"命令。❷ 弹出"液化"对话框，在"液化"对话框的左侧工具栏中选择"缩放"工具。❸ 在图像上单击放大到脸部。

3. 膨胀

❶ 在"液化"对话框的左侧工具栏中选择"膨胀"工具。❷ 在右侧属性栏中设置画笔参数。❸ 在图像上单击调整五官。

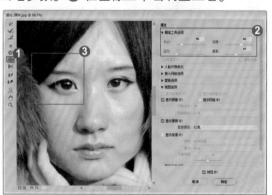

4. 褶皱

❶ 在"液化"对话框的左侧工具栏中选择"褶皱"工具。❷ 在右侧属性栏中设置画笔参数。❸ 在图像上单击调整五官。

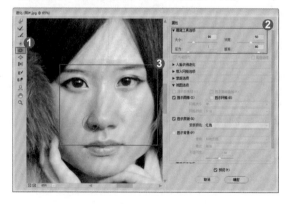

5. 向前变形

❶ 在"液化"对话框的左侧工具栏中选择"向前变形"工具 ❷ 设置右侧属性栏中的画笔参数。❸ 在图像上按住鼠标左键推动，调整细节，完成后单击"确定"按钮，调整五官对称效果完成。

知识拓展

"液化"对话框中的 ❶ "褶皱"工具可以使像素向画笔区域的中心移动，使图像产生收缩效果；❷ "膨胀"工具可以使像素向画笔区域中心以外的方向移动，使图像产生膨胀效果；❸ 使用"左推"工具垂直向上拖动鼠标时，像素向左移动；❹ 使用"左推"工具垂直向下拖动鼠标，像素向右移动。按住 Alt 键垂直向上拖动鼠标时，像素向右移动；按住 Alt 键向下拖动鼠标时，像素向左移动。

★★★★★ 招式 134 打造完美侧面轮廓

Q 很少有人侧面的照片看起来很美，那么怎么样使用 Photoshop 打造完美的侧面轮廓呢？

A 在 Photoshop 中打开"液化"滤镜，使用"向前变形"工具，对人物的侧面轮廓进行调整，就可以打造出完美的侧面轮廓。

1. 打开图像素材

❶ 打开本书配备资源中的"第 10 章 \ 素材 \ 招式 134\ 照片 .jpg"项目文件。❷ 按 Ctrl+J 快捷键复制一个图层。

2. 缩放图像

❶ 在菜单栏中选择"滤镜"|"液化"命令。
❷ 弹出"液化"对话框，在"液化"对话框的左侧工具栏中选择"缩放"工具 🔍。❸ 在图像上单击放大到脸部。

3. 调整脸部轮廓

❶ 在"液化"对话框的左侧工具栏中选择"向前变形"工具 👆。❷ 设置右侧属性栏中的画笔参数。❸ 在图像上按住鼠标左键推动，调整嘴型，完成后单击"确定"按钮，打造完美侧脸轮廓效果完成。

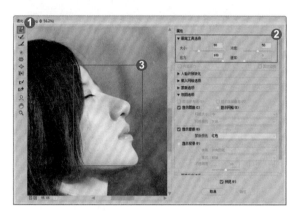

知识拓展

如果要对局部图像进行处理，而又不希望影响其他区域，❶ 可以使用"冻结蒙版"工具在图像上绘制出冻结区域；❷ 此后使用变形工具处理图像时，冻结区域会受到保护。使用"解冻蒙版"工具涂抹冻结区域可以解除冻结。

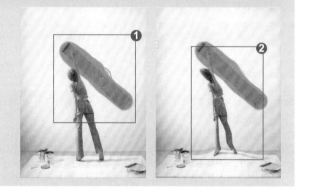

招式 135 为人物瘦脸

🅠 对于一张人像照片的处理，瘦脸已经成为必要的一个步骤，怎样使用 Photoshop 快速为人物瘦脸呢?

🅐 在 Photoshop 的"液化"滤镜的左侧工具栏中选择脸部工具，在右侧"人脸识别液化"中调整"下颌"和"脸部宽度"的参数，就可以快速给人物瘦脸了。

1. 打开图像素材

❶ 打开本书配备资源中的"第 10 章 \ 素材 \ 招式 135\ 照片 .jpg"项目文件。❷ 按 Ctrl+J 快捷键复制一个图层。

2. 液化脸部

❶ 在菜单栏中选择"滤镜"|"液化"命令，弹出"液化"对话框，在左侧工具栏中选择"脸部"工具。❷ 鼠标移到图像上脸部的各个部位会出现相应的调节点。

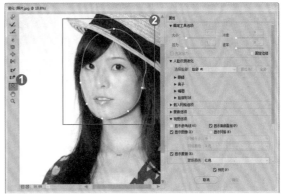

3. 调节下颌和脸部宽度

❶ 在右侧属性栏中单击"人脸识别液化"的小三角。❷ 单击"脸部形状"的小三角，打开设置面板，拖动滑块，调节"下颌"和"脸部宽度"的参数。❸ 图像上的人脸变瘦。

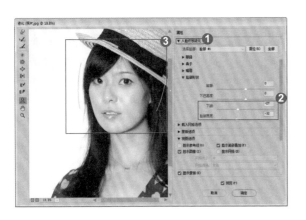

4. 为人物瘦脸

❶ 在"液化"对话框的左侧工具栏中选择"向前变形"工具。❷ 设置右侧属性栏中的画笔参数。❸ 在图像上按住鼠标左键推动，调整细节，完成后单击"确定"按钮，为人物瘦脸效果完成。

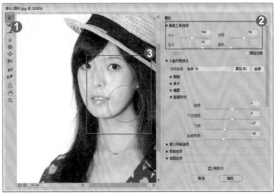

知识拓展

在 Photoshop CC2017 版本中，❶ 人脸识别液化滤镜可以更精确地处理单只眼睛；❷ 当取消中间的链接按钮🔗时，可以像 Photoshop CC 2015.5 版中同时处理两只眼睛。

★★☆☆☆ 招式 136 增强人物面部的红润度

Q 对人像照片进行美白处理后，脸部都比较偏白，那么如何用 Photoshop 来调整增强人物面部的红润度呢？

A 在 Photoshop 中使用"色阶"这一调整命令，调节参数，增加红色，再使用画笔工具在蒙版上涂抹，去掉面部以外的红色，就可以增强人物面部的红润度了。

1. 复制图层

❶ 打开本书配备资源中的"第 10 章 \ 素材 \ 招式 136\ 照片 .jpg"项目文件。❷ 按 Ctrl+J 快捷键复制一个图层。

2. 调整红通道

❶ 单击"图层"面板底部的"创建新的填充或调整图层"按钮◐.，在弹出的下拉菜单中选择"色阶"命令，创建"色阶"调整图层。❷ 在"通道"面板中选择"红"通道。❸ 向左拖动中间调滑块，调节参数，增加红色。

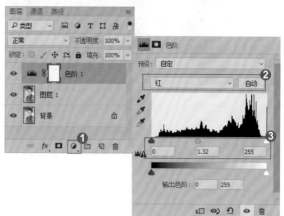

3. 增强面部红润度

❶ 在"图层"面板中选择"色阶"调整图层，单击图层蒙版。❷ 按 B 键，选择工具箱中的 ▨（画笔工具），调整画笔大小和硬度，设置前景色为黑色。❸ 在图像上涂抹除了人物面部的其他地方，包括人物的头发、眉毛、眼睛和牙齿，还原颜色，增强人物面部红润度的效果完成。

知识拓展

如果同时打开了多个图像，将"图层"面板中的一个调整图层拖动到另外的文档，可将其复制到这一文档中。

招式 137 添加腮红提升面部气色

★★☆☆☆

Q 在 Photoshop 中怎样给人物添加腮红，从而提升面部气色呢？

A 在 Photoshop 中使用椭圆选框工具，在人物脸部绘制腮红形状并填充颜色，再使用"高斯模糊"滤镜进行模糊处理，最后根据情况调整腮红图层的"不透明度"，添加腮红就完成了。

1. 打开图像素材

❶ 打开本书配备资源中的"第 10 章 \ 素材 \ 招式 137 \ 照片 .jpg"项目文件。❷ 按 Ctrl+J 快捷键复制一个图层。

2. 设置羽化值

❶ 单击"图层"面板底部的"创建新图层"按钮 ❷ 按 M 键，选择工具箱中的 ❸（椭圆选框工具）。❸ 在工具选项栏中设置合适的羽化像素值。

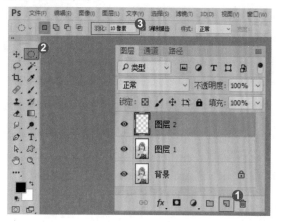

3. 绘制椭圆

❶ 设置前景色为粉色（#ffafcd）。❷ 在图像上按住鼠标左键绘制合适的椭圆。❸ 按 Alt+Delete 快捷键填充前景色，按 Ctrl+D 快捷键取消选区。

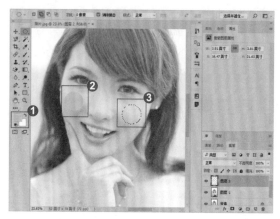

4. 设置高斯模糊参数

❶ 在菜单栏中选择"滤镜"|"模糊"|"高斯模糊"命令。❷ 弹出"高斯模糊"对话框，向右拖动滑块，调节参数，单击"确定"按钮。

5. 调整不透明度

❶ 在"图层"面板中调整腮红图层（图层 2）的"不透明度"为 60%。❷ 给人物添加腮红提升面部气色的完成效果。

知识拓展

在默认情况下，前景色为黑色，背景色为白色。❶ 单击设置前景色与背景色图标，可以打开拾色器，在"拾色器"对话框中即可修改颜色。❷ 单击切换前景色和背景色图标或按下 X 键，可以切换前景色和背景色的颜色。❸ 修改前景色和背景色后，单击默认前景色和背景色图标，或按下 D 键，可将颜色恢复为系统默认的颜色。

★★☆☆☆
招式 **138** 增强面部好气色

 Q 如果一张照片中的人物看起来气色不是很好，那么如何用 Photoshop 来快速调整增强面部好气色呢？

A 在 Photoshop 中使用"色相/饱和度"这一调整命令，拖动滑块，调节参数，就可以快速增强面部好气色了。

1. 打开图像素材

❶ 打开本书配备资源中的"第 10 章 \ 素材 \ 招式 138\ 照片 .jpg"项目文件。❷ 按 Ctrl+J 快捷键复制一个图层。

3. 增强面部气色

❶ 在"图层"面板中选择"色相/饱和度"调整图层，单击图层蒙版。❷ 按 B 键，选择工具箱中的 ✎（画笔工具），调整画笔大小和硬度，设置前景色为黑色。❸ 在图像上涂抹除人物面部其他的地方，增强面部好气色的操作完成。

2. 设置色相/饱和度参数

❶ 单击"图层"面板底部的"创建新的填充或调整图层"按钮 ◑，在弹出的下拉菜单中选择"色相/饱和度"命令，创建"色相/饱和度"调整图层。❷ 拖动"饱和度"滑块，调节参数。

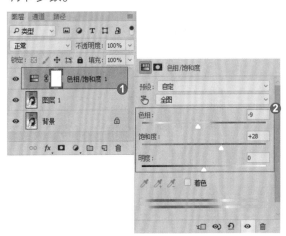

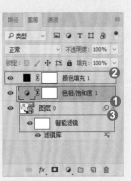 **知识拓展**

图层蒙版是一个 256 级色阶的灰度图像，它蒙在图层上面，起到遮盖图层的作用，然而其本身并不可见。在创建 ❶ 调整图层、❷ 填充图层和 ❸ 应用智能滤镜时，Photoshop 会自动为其添加图层蒙版，图层蒙版可以控制颜色调整和滤镜的范围。

219 »»

招式 139 添加小酒窝

 **Q** 有酒窝的人笑起来特别可爱，是否可以用 Photoshop 给人物添加小酒窝呢？

A 在 Photoshop 中，可以使用椭圆选框工具，在人物脸部绘制酒窝形状，按 Ctrl+J 快捷键复制一个图层，双击图层，打开图层的混合模式，进行设置，最后使用"高斯模糊"进行模糊，小酒窝就添加完成了。

1. 打开图像素材

❶ 打开本书配备资源中的"第 10 章 \ 素材 \ 招式 139 \ 照片 .jpg"项目文件。❷ 按 Ctrl+J 快捷键复制一个图层。

2. 创建椭圆选区

❶ 按 M 键，选择工具箱中的 （椭圆选框工具）。❷ 在工具选项栏中设置合适的羽化像素值。❸ 在图像上需要添加酒窝的地方绘制椭圆。

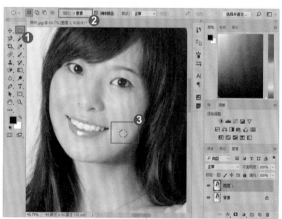

3. 设置混合模式

❶ 按 Ctrl+J 快捷键复制选区部分，得到"图层 2"。❷ 双击"图层 2"，打开"图层样式"对话框，在对话框左侧选中"斜面和浮雕"复选框。❸ 在右侧设置选项参数，完成后单击"确定"按钮。

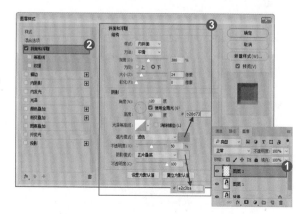

4. 添加小酒窝

❶ 在菜单栏中选择"滤镜"|"模糊"|"高斯模糊"命令。❷ 弹出"高斯模糊"对话框，向右拖动滑块，调节参数。❸ 单击"确定"按钮，给人物添加小酒窝完成效果。

知识拓展

为图层添加图层样式，❶ 选择"图层"|"图层样式"命令，在弹出的下拉菜单中选择一个效果命令，可以打开相应的效果设置对话框；❷ 在"图层"面板底部单击添加图层样式按钮，在弹出的下拉菜单中选择一个效果命令，可以打开相应的效果设置对话框；❸ 双击需要添加效果的图层，打开"图层样式"对话框，在左侧列表中选择要添加的效果，即可切换到该效果的设置对话框。

 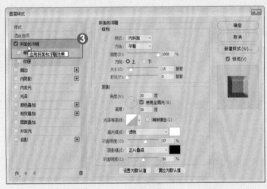

★★★★★ 招式 140　哭脸快快变笑脸

Q 笑着的照片看起来才好看，那么在 Photoshop 中有什么方法可以快速地让哭脸变笑脸吗？

A 在 Photoshop 的"液化"滤镜的左侧工具箱中选择脸部工具，在右侧"人脸识别液化"中调整"微笑"和"上嘴唇厚度"的参数，就可以让哭脸快快变笑脸了。

1. 打开图像素材

❶ 打开本书配备资源中的"第10章\素材\招式140\照片.jpg"项目文件。❷ 按Ctrl+J快捷键复制一个图层。

2. 显示调节点

❶ 在菜单栏中选择"滤镜"|"液化"命令，弹出"液化"对话框，在左侧工具栏中选择 （脸部工具）。❷ 将鼠标移到嘴唇上，出现嘴唇调节点。

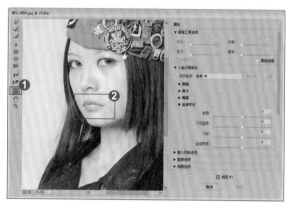

3. 调整笑容和嘴唇

❶ 在右侧属性栏中单击"人脸识别液化"左侧的小三角。❷ 单击"嘴唇"的小三角，打开设置选项，向右拖动"微笑"滑块，拖动"上嘴唇"滑块，调节嘴唇厚度。❸ 图像上的人物嘴角上扬。

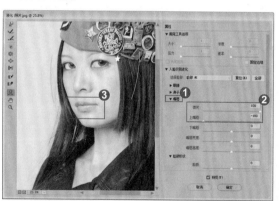

4. 调整嘴角细节

❶ 在"液化"面板的左侧工具栏中选择 （向前变形工具）。❷ 设置右侧属性栏中的画笔参数。❸ 在图像上按住鼠标左键推动，调整嘴角细节，完成后单击"确定"按钮，哭脸快快变笑脸效果完成。

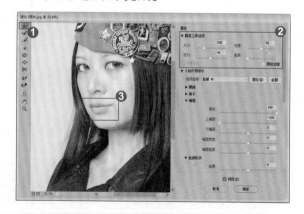

知识拓展

"人脸识别功能"为Photoshop CC2015版本中的新增工具，选择该功能可以直接识别人物的脸部区域。❶ 将光标放在五官的任意位置，会显示该区域的轮廓；❷ 可以拖动轮廓改变五官的形状。

招式 141　增强人物妆面

Q 人像照片经过磨皮处理后几乎看不清楚脸部的彩妆了，那么在 Photoshop 中怎样增强人物妆面呢？

A 在 Photoshop 中可以通过"亮度/对比度"、"自然饱和度"和"可选颜色"调整命令调节参数，再使用画笔工具在图层蒙版上涂抹其他部分，就可以增强人物妆面了。

1. 设置混合模式

❶ 打开本书配备资源中的"第10章\素材\招式 141\彩妆.jpg"项目文件。❷ 单击"图层"面板底部的"创建新的填充或调整图层"按钮，创建"色阶"调整图层，调整最右端滑块，提亮人物整体肤色。❸ 按 Ctrl+Alt+Shift+E 组合键盖印图层，设置该图层的混合模式为"叠加"，加深眼部妆容的对比度。

2. 加强眼部妆容

❶ 按住 Alt 键单击"图层"面板底部的"添加图层蒙版"按钮，为该图层添加一个反相的蒙版，选择工具箱中的（画笔工具），设置前景色为白色，在眼部进行涂抹，将眼部妆容涂抹出来。❷ 按 Ctrl+Alt+Shift+E 组合键盖印可见图层，选择工具箱中的（仿制图章工具），按住 Alt 键在妆容区域取样，松开 Alt 键涂抹眼部，加强眼部妆容。

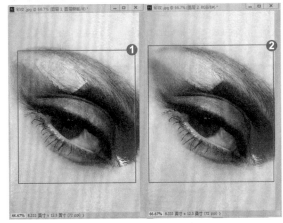

3. 调整眼球颜色

❶ 盖印可见图层，继续使用仿制图章工具去除人物眼白处的红血丝。❷ 选择工具箱中的（套索工具），在人物眼白处创建选区，羽化 5 个像素，单击"调整"面板中的按钮，创建"曲线"调整图层，调整 RGB 通道参数，提亮眼白区域。❸ 用相同方法在人物眼球上创建选区，创建"色阶"调整图层，调整眼球颜色。

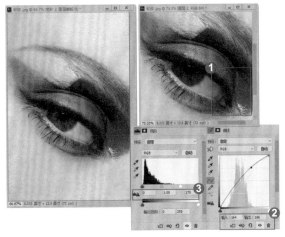

4. 打开 Camera Raw 滤镜

❶ 按住 Ctrl 键单击"色阶"调整图层，载入选区，创建"色相/饱和度"调整图层，拖动滑块，调整眼球的颜色。❷ 盖印可见图层，选择"滤镜"|"Camera Raw 滤镜"命令，或按 Ctrl+Shift+A 组合键打开"Camera Raw 滤镜"对话框，单击状态栏中的"在原图/效果图视图下查看图像"按钮 Y，打开双栏图像视图效果。

5. 增强人物妆容

❶ 在右侧参数栏中单击"HSL/灰度"按钮 ▤，打开"HSL/灰度"参数面板，调整"饱和度"参数，增加黄、红、蓝等颜色的饱和度。❷ 单击"明亮度"选项，调整各个颜色的明度，增强人物妆容。

6. 还原肌肤

❶ 单击"确定"按钮在 Photoshop 中打开图像，单击"图层"面板底部的"创建新的填充或调整图层"按钮 ⬤，创建"色相/饱和度"调整图层，增加人物的饱和度。❷ 选择工具箱中的 ✎（画笔工具），用白色画笔涂抹眼部妆容以外的皮肤，还原肌肤。

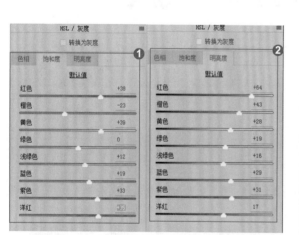

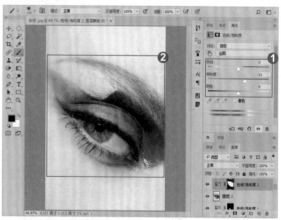

知识拓展

Adobe 会不定期对 Camera Raw 版本进行更新。选择"帮助"|"更新"命令可以来检查并安装新版本 Camera Raw。

第 11 章

婀娜多姿之魔鬼身材养成记

在人像摄影中，身材苗条的女子拍摄出来的作品会显得整体线条优美、画面唯美，那如果是人物身材本身存在缺陷该如何操作？本章主要针对人像照片中的身材缺陷进行处理，详细讲解了 Photoshop 中变形工具、图层蒙版、图层混合模式等常用工具的使用方法，使身材大变样。

★★★★★
招式 **142** 打造纤细手臂

Q 明明我的手臂很纤细，为什么拍摄出来的照片就显得特别粗壮呢？有没有方法进行修复呢？

A 拍摄的照片属于 **2D** 图像，所以拍摄的照片会使人粗壮一些，在 Photoshop 当中可以利用自由变换命令对其进行修复。

1. 创建选区

❶ 打开本书配备资源中的"第 11 章 \ 素材 \ 招式 142\ 模特 .jpg"项目文件。❷ 在"图层"面板中选择"背景"图层，单击鼠标右键，在弹出的快捷菜单中选择"复制图层"命令，单击"确定"按钮复制图层。❸ 选择工具箱中的 （磁性套索工具），沿着人物手臂创建选区。

2. 变形手臂

❶ 按 Ctrl+T 快捷键显示定界框，将光标放在定界框中，单击鼠标右键，在弹出的快捷菜单中选择"变形"命令。❷ 此时定界框中会显示变形网格。❸ 拖动变形网格上的控制手柄，对手柄进行变形处理，使其变得纤细。

3. 取样涂抹多余图像

❶ 按 Enter 键确认变形操作，按 Ctrl+Shift+I 组合键反选选区，选择工具箱中的 （仿制图章工具），在手臂处按住 Alt 键单击进行取样。❷ 松开 Alt 键在多余的手臂上进行涂抹，复制背景，去除多余图像。

4. 液化手臂

❶ 按 Ctrl+D 快捷键取消选区，选择"滤镜"|"液化"命令，或按 Ctrl+Shift+X 组合键打开"液化"对话框，选择工具栏中的"向前变形"工具 。❷ 在右侧参数栏中设置"画笔大小"，将光标放在手臂边缘，向里拖动鼠标，使轮廓向内收缩，液化手臂。

5. 去除腋窝褶皱

❶ 单击"确定"按钮关闭对话框，液化人物的手臂。❷ 选择工具箱中的 （修补工具），去除人物腋窝处的褶皱。

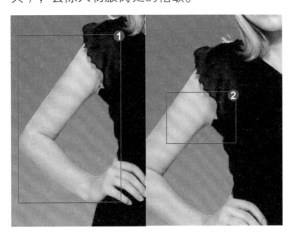

知识拓展

❶ 在"液化"对话框中取消选中"固定边缘"复选框，使用"向前变形"工具 处理图像时，边缘会随着画笔的压力进行变形;❷ 选中该复选框后，对图像进行处理时，边缘保持固定不变，使画笔边缘不变形。

专家提示

按 Ctrl+Shift+X 组合键可以快速打开"液化"对话框。

★★★★★
招式 143 速变长腿美女

Q　模特的腿又长又细，穿什么衣服都好看，我可不可以利用 Photoshop 将自己的腿修饰一下呢?

A　可以利用"自由变换"命令向上或是向下拖动定界框修饰腿型。

1. 创建选区

❶打开本书配备资源中的"第11章\素材\招式143\室外人像.jpg"项目文件。❷在"图层"面板中选择"背景"图层，单击鼠标右键，在弹出的快捷菜单中选择"复制图层"命令，单击"确定"按钮复制图层。❸选择工具栏中的 ▭（矩形选框工具），在人物腿部创建选区。

3. 还原护栏

❶按下 Enter 键确认变形操作，按 Ctrl+D 快捷键取消选区。❷由于在拖动的过程中护栏严重变形，可以单击"图层"面板底部的"添加图层蒙版"按钮 ▢，为该图层添加蒙版，选择工具箱中的 ✎（画笔工具），设置前景色为黑色，在变形的护栏上进行涂抹，还原护栏。

2. 修饰腿型

❶选择"编辑"|"自由变换"命令，或按 Ctrl+T 快捷键显示定界框。❷将光标放在定界框中间的控制点上，当光标变为 ↕ 形状时，单击并向下拖动鼠标，即可对人物腿部进行修饰。

知识拓展

在图像上创建选区后，按 Ctrl+T 快捷键会在选区范围显示定界框，可以对选区进行变形处理，操作方法与整幅变形图像的操作一样。若变形过程中，背景也相对变形，一定要将原有背景显示出来，不然图像存在着穿帮。

★★★☆☆ 招式 **144** 添加性感丝袜

Q 今年特别流行在裤子里边搭配丝袜，那是否可以用 Photoshop 来制作这种效果呢？

A 利用"图层样式"中的"图案"就可以将丝袜添加到裤子，制作既性感又清新的穿着搭配图。

1. 创建选区

❶ 打开本书配备资源中的"第11章\素材\招式144\搭配图.jpg"项目文件。❷ 在"图层"面板中选择"背景"图层，单击鼠标右键，在弹出的快捷菜单中选择"复制图层"命令，单击"确定"按钮复制图层。❸ 选择工具箱中的 ☑（快速选择工具），在裸露的腿部肌肤上涂抹，创建选区。

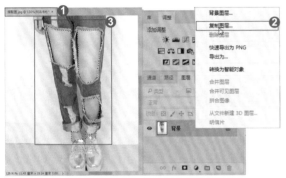

2. 增加袜子对比度

❶ 按 Ctrl+J 快捷键复制 选区内的肌肤至新的图层。❷ 按 Ctrl+O 快捷键打开"丝袜"素材，切换至"通道"面板，选择并复制"蓝"通道。❸ 选择"图像"|"调整"|"色阶"命令，或按 Ctrl+L 快捷键打开"色阶"对话框，拖动左右两端的滑块，增强对比度。

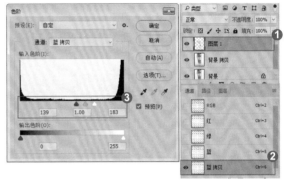

3. 定义图案

❶ 按住 Ctrl 键单击"蓝拷贝"通道，载入选区，按 Ctrl+Shift+I 组合键反选选区，返回"图层"面板，按 Ctrl+J 快捷键拷贝选区内容至新的图层，隐藏"背景"图层。❷ 选择"编辑"|"定义图案"命令，在弹出的"图案名称"对话框中重命名图案。

4. 添加丝袜

❶ 切换至"搭配图"文档，单击"图层"面板底部的"添加图层样式"按钮 fx，在弹出的下拉菜单中选择"图案叠加"命令，弹出"图案叠加"对话框，在"图案拾色器"中选择定义的图案，并设置参数。❷ 单击"确定"按钮关闭对话框，为人物添加性感的丝袜。

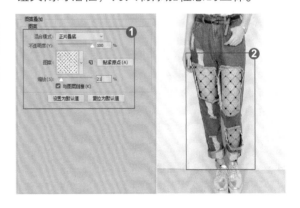

5. 增加丝袜对比度

❶ 设置图层的混合模式为"正片叠底",让丝袜效果更加自然。❷ 按住 Ctrl 键单击腿部肌肤图层,载入选区,单击"调整"面板上的"亮度/对比度"调整图层按钮 ⚙,创建调整图层,调整"对比度"参数。❸ 调整丝袜的对比度。

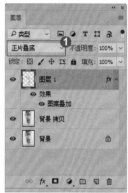

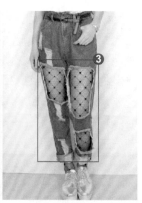

知识拓展

在 Photoshop 中可以将打开的图像文件定义为图案,也可以将选区中的图像定义为图案。❶ 选择选区中的图案后。❷ 选择"编辑"|"定义图案"命令,即可将选区内的图像定义为预设图案。❸ 使用"填充"命令或"图案叠加"图层样式都可以填充定义的图案。

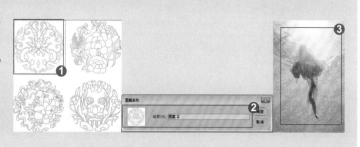

招式 145 添加时尚纹身

★★★★★

Q 有时候在网上浏览图片时,模特身上的纹身特别漂亮,自己也特别想拥有一个,但又害怕疼不敢尝试,那可否利用 Photoshop 添加一个纹身呢?

A 选择自己喜欢的图案,利用 Photoshop 的图层混合模式就可以为自己添加一个漂亮的纹身。

1. 变形花朵素材

❶ 打开本书配备资源中的"第 11 章 \ 素材 \ 招式 145\ 照片 .jpg"项目文件。❷ 在"图层"面板中选择"背景"图层,单击鼠标右键,在弹出的快捷菜单中选择"复制图层"命令,单击"确定"按钮复制图层。❸ 按 Ctrl+O 快捷键打开"花纹"素材,利用移动工具将其拖曳至照片文档中,按 Ctrl+T 快捷键显示定界框,按 Alt+Shift 快捷键等比例缩小花纹。

2. 添加时尚纹身

❶ 按住 Ctrl 键单击定界框上的四个控制点，切斜花纹图案。❷ 按 Enter 键确认变形操作，设置图层的混合模式为"正片叠底"，即可为人物添加一个时尚的纹身。

知识拓展

图层组的默认混合模式为"穿透"（相当于图层的"正常"模式）。如果修改图层组的混合模式，则 Photoshop 会将图层组内的所有图层视为一幅单独的图像，用所选模式与下面的图像混合。

★★☆☆☆ **招式 146　性感小蛮腰**

Ⓠ 在对人物进行瘦腰时，除了使用"液化"命令之外，还有没有其他的操作方法呢？

Ⓐ 可以利用"滤镜"中的"挤压"命令，对人物的腰部进行修饰。

1. 创建选区

❶ 打开本书配备资源光盘中的"第 11 章\素材\招式 146\人物 .jpg"项目文件。❷ 在"图层"面板中选择"背景"图层，单击鼠标右键，在弹出的快捷菜单中选择"复制图层"命令，单击"确定"按钮复制图层。❸ 选择工具箱中的 ▢（矩形选框工具），在人物腰部区域创建选区。

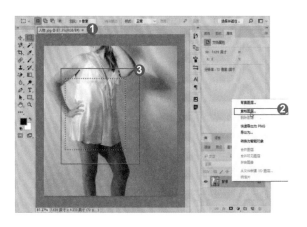

2. 挤压腰身

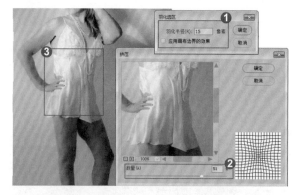

❶ 按 Shift+F6 快捷键，弹出"羽化选区"对话框，设置"羽化半径"为 15 像素。❷ 单击"确定"按钮关闭对话框，选择"滤镜"|"扭曲"|"挤压"命令，在弹出的"挤压"对话框中设置"数量"参数为 51。❸ 单击"确定"按钮关闭对话框，按 Ctrl+D 快捷键取消选区，利用"挤压"命令打造性感小蛮腰。

知识拓展

"矩形选框"工具选项栏中的"样式"选项用来设置选区的创建方法。❶ 选择"正常"选项可通过拖动鼠标创建任意大小的选区；❷ 选择"固定比例"选项可在右侧的"宽度"和"高度"文本框中输入数值，创建固定比例的选区。

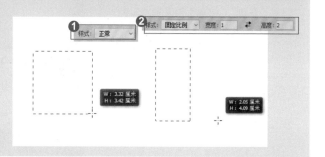

★★☆☆☆
招式 147 打造迷人曲线

Q 曲线是评判女性苗条身材的标准，可以展现出女性柔美的感觉，那女性迷人的曲线该如何去打造呢？

A 可以利用液化滤镜中的向前变形工具，调整人物的曲线，再利用膨胀工具为人物丰胸，使身材看上去更具曲线美。

1. 放大图像

❶ 打开本书配备资源中的"第 11 章 \ 素材 \ 招式 147\ 人物 .jpg"项目文件。❷ 在"图层"面板中选择"背景"图层，单击鼠标右键，在弹出的快捷菜单中选择"复制图层"命令，单击"确定"按钮复制图层。❸ 选择"滤镜"|"液化"命令，或按 Ctrl+Shift+X 组合键打开"液化"命令对话框，选择工具栏中的"缩放工具"🔍，放大图像。

2. 液化人物 ·····

❶ 选择工具箱中的"向前变形"工具 ，在右侧参数栏中设置参数。❷ 在人物的胸部进行涂抹，调整胸型。❸ 继续使用"向前变形"工具，在人物背部进行涂抹，为人物打造曲线。

3. 膨胀胸部 ·····

❶ 选择工具栏中的"膨胀工具" ，并设置参数。❷ 在人物的胸部和臀部上单击，为人物进行丰胸和提臀处理。

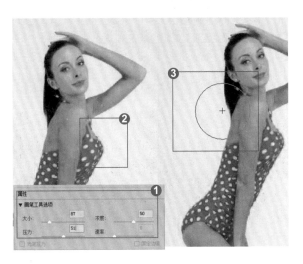

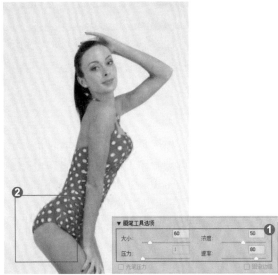

知识拓展

　　如果图像中包括选区或蒙版，可通过"液化"对话框中的"蒙版选项"组设置蒙版的保留区域。"替换选区" ◐ 选项显示原图像中的选区、蒙版或透明度；"添加到选区" ◐ 选项显示原图像中的蒙版，此时可以使用冻结工具添加到选区；"从选区中减去" ◐ 选项可以从冻结区域中减去通道中的像素；"与选区交叉" ◐ 选项只使用处于冻结状态的选定像素；"反相选区" ◐ 选项使当前的冻结区域反相；单击"无"按钮可解冻所有选区；单击"全部蒙版"按钮可以使图像全部冻结；单击"全部反相"按钮使冻结和解冻区域反相。

▼ 蒙版选项

◐▾ ◐▾ ◐▾ ◐▾ ◐▾

| 无 | 全部蒙住 | 全部反相 |

★★☆☆☆ 招式 **148** 给人物添加胡须

Q　圣诞老人的大胡子特别的有味道，我可不可为自己的照片添加胡子呢？

A　在网上找到类似圣诞老人的胡子，将其抠选出来，再添加到自己的照片当中即可。

1. 创建选区

❶ 打开本书配备资源中的"第 11 章\ 素材\ 招式 148\ 男人 .jpg、胡子 .png"项目文件，选择"胡子"文件。❷ 选择工具箱中的 （魔棒工具），在胡子透明区域单击，创建选区，按 Ctrl+Shift+I 组合键反选选区。选择"选择"|"修改"|"羽化"命令，设置"羽化选区"对话框中的"羽化半径"为 10 像素。

2. 变形胡子

❶ 选择工具箱中的 （移动工具），将胡子拖曳至人物文档中，按 Ctrl+T 快捷键调整胡子的大小和位置。❷ 将光标放在定界框中，单击鼠标右键，在弹出的快捷菜单中选择"变形"命令，显示变形网格，拖动变形网格，对胡子进行变形处理。

3. 画笔涂抹隐藏胡子

❶ 按 Enter 键确认变形操作。选择工具箱中的 （橡皮擦工具），在工具选项栏中设置"画笔笔刷"为"圆钝形中等硬"。❷ 适当降低画笔的不透明度，用黑色的画笔在胡子边缘涂抹，隐藏胡子边缘白色区域。

4. 调整胡子颜色

❶ 载入胡子选区，单击"调整"面板中的"色彩平衡"按钮 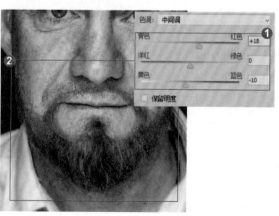，创建"色彩平衡"调整图层，调整胡子的颜色。❷ 选择"胡子"图层，选择工具箱中的（加深工具），设置"笔刷"为"圆钝形中等硬"、"范围"为"中间值"、"曝光度"为 35%，在胡子上涂抹，修饰胡子。

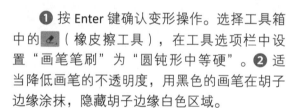

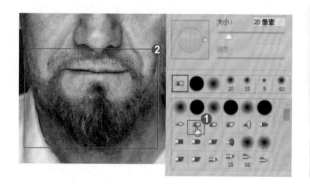

5. 修饰胡子边缘

❶ 按住 Ctrl 键单击"胡子"和"色彩平衡"图层，按 Ctrl+E 快捷键合并图层。❷ 选择工具箱中的 🖌（仿制图章工具），设置"笔刷"为"圆钝形中等硬"、"不透明度"为 30%，按住 Alt 键在胡子上取样，松开 Alt 键后在胡子边缘涂抹，修饰胡子边缘。

知识拓展

　　选择毛刷笔尖，可以创建逼真的、带有纹理的笔触效果，并且 ❶ 按下面板中的按钮，画面中会出现一个窗口，显示该画笔的具体样式；❷ 在它上面单击可以显示画笔的侧面；❸ 使用该笔刷绘制图像时，可以显示笔尖运行的方向。

招式 149 打造丰满胸部

Q 丰满的胸部会让人物看上去更赏心悦目，那丰满的胸部该如何进行处理呢？

A 可以让"球面化"与"液化"命令中的"膨胀工具"相结合，打造出自然的丰满胸部效果。

1. 创建选区

❶ 打开本书配备资源中的"第 11 章 \ 素材 \ 招式 149\ 比基尼 .jpg"项目文件。❷ 在"图层"面板中选择"背景"图层，单击鼠标右键，在弹出的快捷菜单中选择"复制图层"命令，单击"确定"按钮复制图层。❸ 选择工具箱中的 ⬭（椭圆选框工具），在人物胸部创建选区。

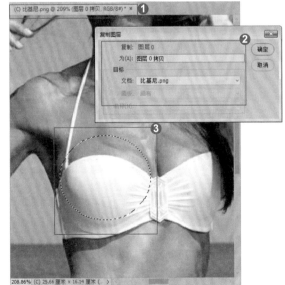

2. 丰满胸部

❶ 选择"滤镜"|"扭曲"|"球面化"命令，设置"球面化"对话框中的"数量"为 **70%**。

❷ 单击"确定"按钮关闭对话框，对胸部进行球面化处理。用相同方法，对另一侧的胸部也进行球面化处理，丰满人物的胸部。

3. 膨胀胸部

❶ 选择工具箱中的 （橡皮擦工具），设置"笔刷"为柔边圆，在胸部的边缘涂抹，使边缘过渡自然。❷ 由于"图层 0 拷贝"图层的部分内容被橡皮擦擦除了，所以需要将可见图层盖印。❸ 选择"滤镜"|"液化"命令，在弹出的"液化"对话框中选择"膨胀"工具，在胸部上单击，膨胀胸型，打造丰满的胸部。

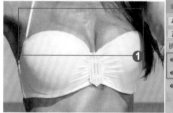

知识拓展

"球面化"滤镜通过将选区折成球形，扭曲图像以及伸展图像以适合选中的曲线，使图像产生 3D 效果，"数量"选项用来设置挤压程度，该值为正值时，图像向外凸起，为负值时向内收缩；在"模式"下拉列表中可以选择挤压方式，包括"正常"、"水平优先"和"垂直优先"几种方式。

★★ 招式 150 打造迷人臀部

Q 性感紧实的翘臀能为人物的形象加分不少，那这种臀部该如何打造呢？

A 利用"液化"命令中的"膨胀"工具进行膨胀，然后用向前变形工具对臀部进行提拉，就可以打造性感紧实的臀部了。

1. 缩放图像

❶ 打开本书配备资源中的"第 11 章 \ 素材 \ 招式 150\ 人物 .jpg"项目文件。❷ 在"图层"面板中选择"背景"图层，单击鼠标右键，在弹出的快捷菜单中选择"复制图层"命令，单击"确定"按钮复制图层。❸ 选择"滤镜"|"液化"命令，或按 Ctrl+Shift+X 组合键打开"液化"命令对话，选择工具栏中的"缩放工具"，放大图像。

2. 打造迷人臀部

❶ 在左侧工具栏中选择"膨胀"工具，设置画笔的大小，在人物臀部上单击,膨胀臀部，让臀部变得饱满。❷ 选择"向前变形"工具，在人物曲线上涂抹，打造完美的曲线。❸ 继续使用向前变形工具，在人物臀部向上涂抹，提升臀部的线条，让臀部变得更加的翘。

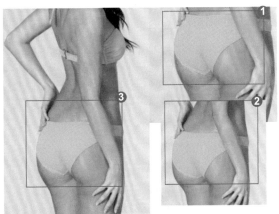

📖 知识拓展

　　"液化"对话框中的"视图选项"组用来设置图像、网格和背景的显示与隐藏。选中"显示图像"复选框可在预览区中显示图像；❶ 选中"显示网格"复选框，可在预览区域中显示网格。❷ 通过网格可以更好地查看和跟踪扭曲，此时"网格大小"和"网格颜色"选项可用，通过它们可以设置网格的大小和颜色。如果要将当前的网格存储，可单击对话框顶部的"存储网格"按钮进行保存；如果要载入存储的网格，单击对话框顶部的"载入网格"按钮即可。

招式 151 打造另类指甲

Q 我们在进行绘画和修饰图像时，会使用旋转视图工具来旋转画布，如果需要旋转多张图像，旋转视图工具是如何工作的呢？

A 如果打开了多个图像，在工具选项栏中选中"旋转所有窗口"复选框，就可以旋转多张图像了。

1. 绘制指甲路径

❶ 打开本书配备资源中的"第11章\素材\招式151\手.jpg"项目文件，在"图层"面板中选择"背景"图层，单击鼠标右键，在弹出的快捷菜单中选择"复制图层"命令，单击"确定"按钮复制图层。❷ 选择工具箱中的 ⌀.（钢笔工具），在工具选项栏中设置"工具模式"为"路径"，设置"路径操作"为"合并形状" ⌷，在指甲上创建路径。

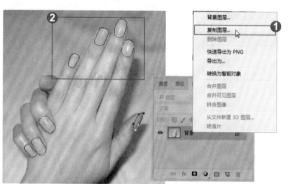

2. 调整锚点

❶ 选择工具箱中的 ⌐.（转换点工具），在其中一个指甲路径上框选，显示锚点。❷ 将光标放在路径不平滑的角点上，当光标变为 ⌐ 形状时，将角点转换为平滑点。❸ 用相同方法，处理其他路径不平滑的锚点，平滑指甲的轮廓。

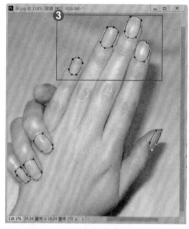

3. 定义图案

❶ 在图像上单击鼠标右键，弹出快捷菜单，选择"建立选区"命令，在弹出的"建立选区"对话框中设置"羽化半径"为0，将路径转换为选区。❷ 按 Ctrl+J 快捷键拷贝选区的图像至新的图层中。❸ 按 Ctrl+O 快捷键打开"图案"素材，选择"编辑"|"定义图案"命令，在弹出的"图案名称"对话框中定义图案。

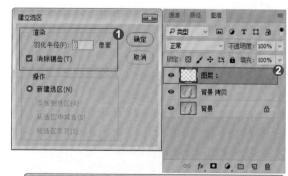

4. 添加图层样式

❶ 双击复制的指甲图层，打开"图层样式"对话框，选择"图案叠加"选项，并设置参数，添加图案。❷ 选择"内发光"选项，设置参数，让添加的指甲图案更加的自然。❸ 选择"内阴影"选项，设置参数，让指甲与图案融为一体。

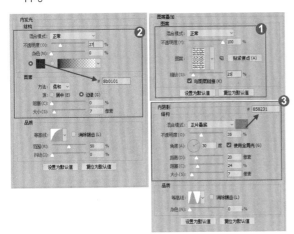

5. 添加个性指甲

单击"确定"按钮关闭对话框，另类指甲制作完毕。

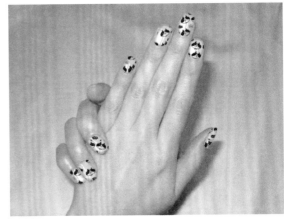

知识拓展

❶ 选择添加锚点工具 ，将光标放在路径上，当光标变为 形状时，单击即可添加一个锚点；❷ 如果单击并拖动鼠标，则可以添加一个平滑点；❸ 选择删除锚点工具 ，将光标放在路径上，当光标变为 形状时，单击即可删除该锚点；

❹ 使用直接选择工具 选择锚点后，按下 Delete 键可以将其删除，但该锚点两侧的路径线段也会同时删除，如果路径为闭合式路径，则变为开放式路径。

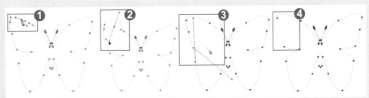

招式 **152** 人物整体瘦身

Q 网络上经常会将很胖的胖子 P 成一个瘦子，我很好奇这是怎么处理的，不会使周围的环境变形吗？

A 利用"液化"命令为人物进行瘦身前，需要拷贝原有图层，若是出现变形现象，可对背景进行擦除或是涂抹。

1. 人物整体瘦身

❶打开本书配备资源中的"第11章\素材\招式 152\人物 .jpg"项目文件。在"图层"面板中选择"背景"图层,单击鼠标右键,在弹出的快捷菜单中选择"复制图层"命令,单击"确定"按钮复制图层。❷选择"滤镜"|"液化命令"命令,或按 Ctrl+Shift+X 组合键打开"液化"对话框,选择工具栏中的"向前变形"工具,对人物进行整体瘦身。

2. 去除裤子褶皱

❶设置右侧参数面板中"画笔大小"的参数,在人物手臂处涂抹,为人物瘦手臂。❷按 [或] 键放大或缩小画笔的大小,在人物大腿处涂抹,为人物瘦腿。❸单击"确定"按钮关闭对话框,选择工具箱中的 ⊙ (修补工具),在人物牛仔裤褶皱处创建选区,去除裤子上的褶皱。

3. 液化人物

用相同方法,利用"液化"命令中的"向前变形"工具对人物进行瘦身。

知识拓展

在"液化"对话框中选中"显示网格"复选框,❶在"网格大小"选项下拉列表中可以设置网格的大小;❷在"网格颜色"选项下拉列表中可以选择合适的网格颜色来查看图像。

12

第 12 章

妆面大革命

拍摄大片前，对人物进行化妆造型是不可缺少的一个环节，通过化妆造型可以改变人物的妆容，使人物看起来更漂亮、更有气质。对人物进行后期的妆容处理，除了可以弥补化妆师遗留的一些瑕疵外，还能做出化妆师所不能做出的效果。本章主要利用钢笔工具、绘画工具、混合模式及命令来还原或是重新创作不同的妆容。

★★★★★

招式 153 为眼睛添加彩妆效果

Q 我拍摄的片子，明明模特是有彩妆的，为什么在整理片子时发现又没有了呢？可不可以用 Photoshop 进行修复呢？

A 在拍摄照片时如果光线太强，或是彩妆不是特别浓厚，拍摄出来的照片彩妆效果不明显。在 Photoshop 当中可以根据彩妆的一些绘制轨迹进行相同颜色的填充即可恢复。

1. 勾出眼影路径

❶ 打开本书配套素材中的"第 12 章 \ 素材 \ 招式 153\ 彩妆 .jpg"项目文件。❷ 选择工具箱中的 🖊 (钢笔工具)，设置工具栏中的"工具模式"为"路径"。❸ 用钢笔工具勾出眼影的路径。

2. 填充眼影的颜色

❶ 单击"图层"面板底部的"创建新图层"按钮 🖻，新建图层，按 Ctrl+Enter 快捷键将路径转换为选区。❷ 设置前景色为橘色（#b53c00），按住 Alt+Delete 快捷键填充颜色。

3. 调整颜色

❶ 按 Ctrl+D 快捷键取消选区，设置图层混合模式为"叠加"。❷ 单击"调整"面板中的 🌇 按钮，创建"色彩平衡"调整图层，调整"中间调"参数，创建剪贴蒙版，让眼影与唇彩颜色相协调。❸ 创建"曲线"调整图层，调整 RGB 参数，创建剪贴蒙版，让眼影的颜色显得自然、真实。

4. 完成彩妆绘制

❶ 新建图层，选择工具箱中的 ✎（画笔工具），打开 "画笔" 面板，在 "画笔" 面板中选择名为 "圆钝形" 的笔刷，设置合适的笔刷大小及间距。❷ 在图像中绘制黑色眼影，完成图像的制作。

知识拓展

　　中国传统审美中讲究 "三庭五眼"，凡是按照 "三庭五眼" 的比例修饰处理的人物脸型都是和谐的。"三庭" 是指脸的长度比例，将脸的长度分为 3 个等份，从前额发际线至眉骨为上庭；从眉骨至鼻的下端为中庭；从鼻底至下颌为下庭，各占脸长的 1\3。"五眼" 是指脸的宽度比例，以眼形长度为单位，把脸的宽度分为 5 等份，从左侧发际至右侧发际，为五只眼睛。两只眼睛之间有一只眼睛的间距，两眼外侧至侧发际各为一只眼睛的间距，各占脸宽的 1\5。

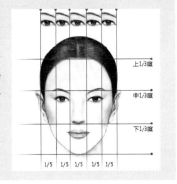

★★★☆☆ 招式 154 为眼睛添加烟熏妆效果

Ⓠ 外国人的眼睛深邃且迷人，可以通过 Photoshop 的后期处理制作深邃迷人的妆容吗？

Ⓐ 可以模拟烟熏妆来凸显眼睛的层次，让眼睛呈现出深邃迷人的效果。

1. 反选选区

❶ 打开本书配套素材中的 "第 12 章 \ 素材 \ 招式 154\ 烟熏妆 .jpg" 项目文件。❷ 选择工具箱中的 ▣（以快速蒙版模式编辑），按 B 键选择 ✎（画笔工具）绘制眼影区域。❸ 选择工具箱中的 ▣（以标准模式编辑），按住 Shift+Ctrl+I 组合键反选选区。

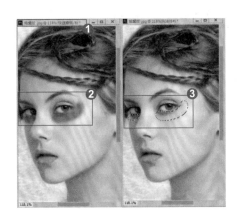

2.调整颜色

❶单击"调整"面板中的按钮,创建"曲线"调整图层,调整 RGB 参数。❷按住 Ctrl键单击"曲线"调整图层,载入选区,创建"色相\饱和度"调整图层,调整色相及饱和度的参数,调整眼影色彩。

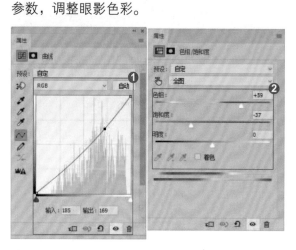

4.绘制眼角

❶新建图层,选择同样的画笔工具涂抹眼角部分,设置前景色为绿色(#969761)。❷选择工具箱中的(橡皮擦工具),设置画笔大小为 14px、不透明度为 51%。❸在眼角边缘进行涂抹,涂抹出自然的弧度。

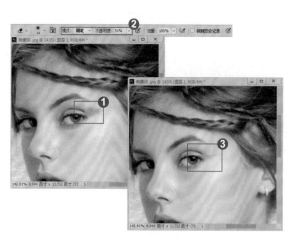

3.修改边缘

❶选择工具箱中的(画笔工具),打开"画笔"面板,在"画笔"面板中选择名为"柔角 30"的笔刷,设置合适的笔刷大小及间距。❷在"曲线"调整图层与"色相/饱和度"调整图层的图层蒙版涂抹眼影边缘,让眼影显得更加自然。

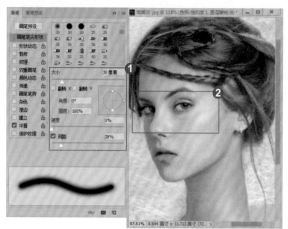

5.添加杂点

❶按住 Ctrl 键单击"色相/饱和度 1"图层蒙版得到选区,返回到"背景"图层,按Ctrl+J 快捷键,复制选区内图像,置于最顶层。❷选择"滤镜"|"杂色"|"添加杂色"命令,在弹出的"添加杂色"对话框中设置数量为 12.5%,选中"高斯分布"单选按钮,选中"单色"复选框,模糊眼影。

6. 绘制其他眼影

❶ 设置图层混合模式为"叠加"，不透明度为 46%，填充为 61%，完成绿色眼影的绘制。❷ 采用同样的操作方法制作上眼影，完成烟熏妆的制作。

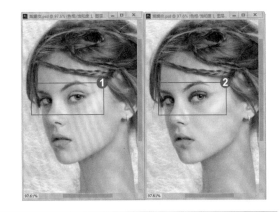

知识拓展

橡皮擦工具的"模式"选项可以设置橡皮擦的种类。❶ 选择"画笔"选项可创建柔边擦除效果；❷ 选择"铅笔"选项可创建硬边擦除效果；❸ 选择"块"选项，擦除的效果为块状。

★★★★★ 招式 155　为人物面部添加乳白妆效果

Q 在一些女性私房写真中，白皙无瑕、柔软细腻的肌肤充满了诱惑，这种色调如何调整呢？

A 主要是运用"色相/饱和度"去除人物的饱和度，再通过图层混合模式的应用，使肌肤过滤到白皙的状态就可以。

1. 创建选区

❶ 打开本书配套素材中的"第 12 章 \ 素材 \ 招式 155\ 乳白妆 .jpg"项目文件。❷ 切换至"通道"面板，按住 Ctrl 键单击 RGB 通道，得到选区。

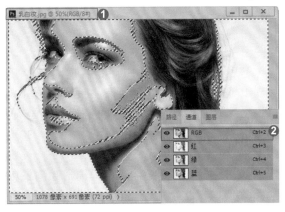

2. 添加矢量蒙版

❶ 返回到"图层"面板，按 Ctrl+J 快捷键，复制选区内图像，按 Ctrl 键单击图层，得到选区，填充白色（# ffffff）。❷ 单击"图层"面板底部"添加图层蒙版"按钮 ◙，为该图层添加蒙版。

3. 调整不透明度

❶ 选择工具箱中的 ✎（画笔工具），打开"画笔"面板，在"画笔"面板中选择名为"柔角 30"的笔刷，设置合适的笔刷大小及间距。❷ 涂抹头发及嘴唇眼影眉毛，调整图层不透明度为 73%，使人物显得有立体感，完成图像的制作。

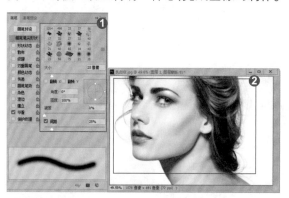

 知识拓展

　　"画笔"面板是最重要的面板之一，它可以设置绘画工具（画笔、铅笔、历史记录画笔等），以及修饰工具（涂抹、加深、减淡、模糊、锐化等）的笔尖种类、画笔大小和硬度，并且，还可以创建自己需要的特殊画笔。单击"画笔预设"面板中的 🔲 按钮，可以弹出"画笔"面板。

★★★★★☆ 招式 156 为眼睛添加蝴蝶美妆效果

Q 蝴蝶妆个性强烈，造型独特，在妆面中有着自己味道，让整个妆面有优雅波澜不惊的气质，那么在利用 Photoshop 制作蝴蝶妆时应注意些什么？

A 蝴蝶妆当然离不开蝴蝶的造型，无论何种色系的颜色搭配，都要体现出蝴蝶的特征。

1. 设置混合模式

❶ 打开本书配套素材中的"第 12 章\ 素材\招式 156\ 蝴蝶美妆 .jpg"项目文件。❷ 新建图层，选择工具箱中的 ✎（画笔工具），打开"画笔"面板，在"画笔"面板中选择名为"尖角 30"的笔刷，设置前景色为橘色（# cc731f），设置合适的笔刷大小及间距，在眼角周围绘制橘色蝴蝶形状。❸ 设置图层混合模式为"叠加"。

2. 调整颜色

❶ 选择 "滤镜" | "模糊" | "高斯模糊" 命令，在弹出的 "高斯模糊" 对话框中设置 "半径" 为 2.2 像素。❷ 单击 "调整" 面板中的按钮▣，创建 "色相 / 饱和度" 调整图层，调整饱和度和色相，按 Ctrl+Alt+G 组合键创建剪贴蒙版，只调整蝴蝶眼影饱和度。❸ 单击 "调整" 面板中的按钮▦，创建 "色彩平衡" 调整图层，调整 "中间调" 参数，创建剪贴蒙版，调整蝴蝶眼影颜色。

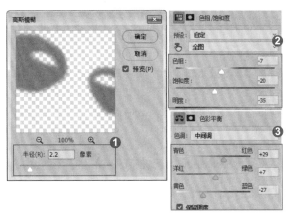

3. 使用画笔工具

❶ 新建图层，同上述绘制蝴蝶眼影的操作方法，在内眼角绘制紫色（**#9d5db4**）眼影，设置图层混合模式为 "叠加"。❷ 单击 "图层" 面板底部的 "添加图层蒙版" 按钮▢，为该图层添加一个蒙版，选择工具箱中的✐（画笔工具），适当降低画笔不透明度，用黑色画笔涂抹紫色眼影，隐藏部分眼影。

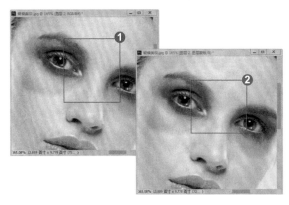

4. 绘制外眼影

❶ 单击 "调整" 面板中的按钮▣，创建 "色相 / 饱和度" 调整图层，按 Ctrl+Alt+G 组合键创建剪贴蒙版，调整紫色眼影的饱和度。❷ 采用同样的操作方法制作外眼影，完成图像的制作。

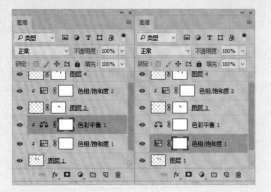

知识拓展

　　剪贴蒙版可以用一个图层中包含像素的区域来限制其上层图像的显示范围。它最大的优点是可以通过一个图层来控制多个图层的可见内容，而图层蒙版和矢量蒙版都只能控制一个图层。选择基底图层上方的图层内容，选择 "图层" | "释放剪贴蒙版" 命令，或按下 Alt+Ctrl+G 组合键可以释放全部剪贴蒙版。

专家提示

选择一个内容图层，选择"图层"|"释放剪贴蒙版"命令，可以从剪贴蒙版中释放该图层。如果该图层上面还有其他内容图层，则这些图层也会一同释放。

★★★★☆☆ 招式 157 为眼睛添加另类妆面效果

Q 在网络上经常会看见一些稀奇古怪的妆容，这些妆容都可以用 Photoshop 制作出来吗？那么在制作的过程中应掌握哪些方法呢？

A 无论利用 Photoshop 制作何种妆容，都需要熟练掌握钢笔工具、画笔工具以及颜色的搭配，这样才能使妆容更加自然。

1. 勾出眼影路径

❶ 打开本书配套素材中的"第 12 章 \ 素材 \ 招式 157\ 另类妆面 .jpg"项目文件。❷ 选择工具箱中的 ✐（钢笔工具），设置工具栏中的"工具模式"为"路径"。❸ 使用钢笔工具勾出眼影的路径。

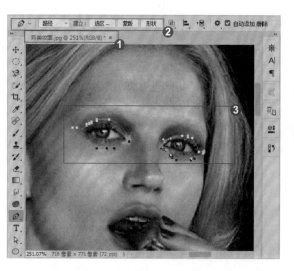

2. 绘制紫色眼影

❶ 新建图层，按住 Ctrl+Enter 快捷键将路径转换为选区，设置前景色为紫色（#ba712a2），按住 Alt+Delete 快捷键填充颜色，选择工具箱中的 ✐（橡皮擦工具）擦去眼珠部分填充的颜色。❷ 设置图层混合模式为"叠加"，制作紫色眼影。

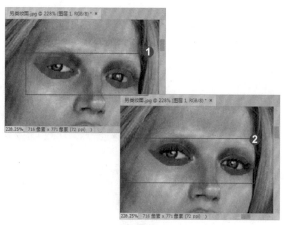

3. 绘制眼影

❶ 单击"调整"面板中的按钮，创建"色相 / 饱和度"调整图层，按 Ctrl+Alt+G 组合键创建剪贴蒙版，调整紫色眼影的饱和度。❷ 新建图层，选择工具箱中的 ✏ (画笔工具)，设置前景色为绿色（# ced42a），设置图层混合模式为"叠加"，绘制上眼皮眼影。

4. 调整眼影

❶ 单击"创建图层蒙版"按钮，用画笔涂抹不自然的部分。单击"图层"面板底部的"创建新的填充或调整图层"按钮，创建"色相 / 饱和度"调整图层，创建剪贴蒙版，调整饱和度参数，更改眼影颜色。❷ 用相同方法，创建"色阶"调整图层，调整眼影对比度。

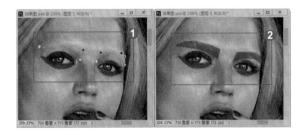

5. 绘制眉型

❶ 使用"钢笔工具"在眉毛处绘制眉毛路径。❷ 新建图层，设置前景色为深红色（#981322），按 Alt+Delete 组合键填充前景色，并设置图层混合模式为"叠加"，完成另类妆面的制作。

知识拓展

使用钢笔工具或形状工具绘制路径后，❶ 单击鼠标右键，在弹出的快捷菜单中选择"建立选区"命令，或是 ❷ 单击"路径"面板底部的"将路径作为选区载入"按钮，或是按 Ctrl+Enter 快捷键都可以将路径转换为选区。使用选择工具创建选区后，❸ 单击"路径"面板底部的"从选区生成工作路径"按钮 或是 ❹ 单击鼠标右键，在弹出的快捷菜单中选择"创建工作路径"命令可以将选区转换为路径。

★★★☆☆

招式 158 打造人物惊艳彩妆

Q 在利用 Photoshop 制作妆容时，有哪些问题需要我们重视？

A 在利用 Photoshop 制作妆容前，需要了解色系的搭配方式，掌握颜色之间的规律，这样制作出来的妆容才协调，容易被大众接受。

1. 绘制眉型

❶ 打开本书配套素材中的"第 12 章 \ 素材 \ 招式 158\ 惊艳彩妆 .jpg"项目文件。❷ 新建图层，选择工具箱中的 （画笔工具），打开"画笔"面板，在"画笔"面板中选择名为"圆钝形"的笔刷，设置前景色为蓝色（#0f8bbc），设置合适的笔刷大小及间距，绘制眉型。❸ 设置图层混合模式为"叠加"。

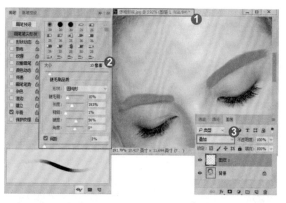

2. 绘制蓝色眼影

❶ 新建图层，同样使用画笔工具，设置前景色为浅蓝色（#a0e5fd），对眼皮进行绘制，设置图层混合模式为"叠加"，设置图层填充为 72%。❷ 继续使用画笔工具，设置前景色为蓝色（#0f4669），设置图层混合模式为"叠加"。

3. 处理眼角边缘

❶ 新建图层，同样使用画笔工具，设置前景色为浅蓝色（#a0e5fd），对眼皮进行绘制，设置图层混合模式为"叠加"。❷ 选择工具箱中的 （涂抹工具），打开"画笔"面板，在"画笔"面板中选择名为"柔角 30"的笔刷，对眼角边缘进行涂抹，让眼影更加自然、协调。

4. 处理下眼睑

❶ 新建图层，设置前景色为蓝色（#4d8aa8），同样使用画笔工具对眼皮进行绘制，设置图层混合模式为"叠加"。❷ 新建图层，设置前景色为紫色（# 802688），使用画笔在下眼睑处涂抹，设置图层混合模式为"叠加"。❸ 使用相同方法绘制枚红色（# c35180）眼影。

5. 处理多余的部分

❶ 新建图层，设置前景色黄色（#d59a0c），使用画笔工具对眼皮进行绘制，设置图层混合模式为"叠加"。❷ 新建图层，设置前景色为蓝色（# 111a57），使用画笔工具对眼角进行绘制，选择工具箱中的 ✎（橡皮擦工具），打开"画笔"面板，在"画笔"面板中选择名为"柔角 25"的笔刷，涂抹多余的部分，调整图层不透明度为"80"。

6. 设置前景色

❶ 新建图层，设置前景色为浅蓝色（# c1edfd），同样使用画笔工具进行绘制，设置图层混合模式为"叠加"。❷ 新建图层，继续使用画笔工具，设置前景色为紫色（#331a84），进行绘制。❸ 按 Ctrl+J 组合键复制一个图层，按 Ctrl+ 左键得到选区，设置前景色为蓝色（# 051943），按 Alt+Delete 组合键填充，设置图层混合模式为"叠加"。

7. 完成图像制作

按 Ctrl+O 快捷键打开配套素材中的"水珠"素材，利用移动工具将水珠素材拖进 Photoshop 中，分别放置在眼角处，完成图像的制作。

 知识拓展

　　Photoshop 中的许多工具和命令都包含混合模式设置选项，如"图层"面板、绘画和修饰工具选项、"图层样式"对话框、"填充"命令、"描边"命令、"计算"和"应用图像"命令等。在"图层"面板中，混合模式用于控制当前图层中的像素与其下面图层中的像素如何混合；在绘画和修饰工具的工具选项栏，以及"渐隐"、"填充"、"描边"命令和"图层样式"对话框中，混合模式只将添加的内容与当前操作的图层混合，而不会影响其他图层；在"应用图像"和"计算"命令中，混合模式用来混合通道，可以创建特殊的图像合成效果，也可以用来制作选区。

13

第 13 章

快速替换背景技法

抠图是指将所需对象从背景中抠出来，首先是用一种选择方法制作选区，选中对象；其次是通过选区将对象从背景中分离出来，放在单独的图层上。用选择方法制作选区是 Photoshop CC 最为重要的技法之一，而抠图是选择方法的一种具体应用形式。本章主要讲解各种不同的抠图方法，通过本章的学习可以快速掌握最全面的抠图技巧。

招式 159 磁性套索工具更换背景

Q 我知道磁性套索工具可以抠图，那什么样的图用磁性套索工具抠图最好呢？

A 磁性套索工具适合于选择背景较复杂、选择区域与背景有较高对比度的图像。

1. 打开图像素材

❶ 打开本书配套素材中的"第 13 章\素材\招式 159\背景图.jpg"项目文件。❷ 继续打开本书配套素材中的"第 13 章\素材\招式 159\人像图 1.jpg、人像图 2.jpg"项目文件。

2. 用磁性套索工具制作选区

❶ 选择工具箱中的 ，在人物的边缘单击，放开鼠标后，沿着它的边缘移动光标，创建选区。❷ 按 Ctrl+U 快捷键，打开"色相/饱和度"对话框，调整图像中的色相与明度。

3. 添加图层样式

❶ 选择"选择"|"修改"|"羽化"命令，弹出"羽化选区"对话框，将"羽化半径"设置为 2 像素 。❷ 选择工具箱中的 ，将抠出来的人物拖动到背景图层，按 Ctrl+T 快捷键，显示定界框，按住 Shift 键将素材等比例缩小，放在合适位置。❸ 在"图层"面板中单击"添加图层样式"按钮 ƒx，打开"图层样式"对话框，单击阴影效果名称，设置相应的效果参数。

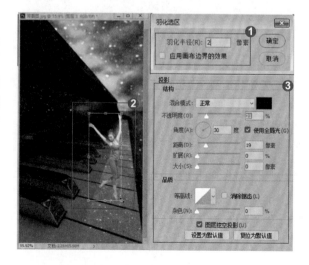

4. 创建图层

❶ 单击鼠标右键，在弹出的快捷菜单中选择"投影"命令，创建阴影图层，将图层切换到"图层 1 的阴影"。❷ 按 Ctrl+T 快捷键显示定界框，单击鼠标右键，在弹出的快捷菜单中选择"扭曲"命令，将光标放在定界框的四周的控制点，单击拖动鼠标扭曲对象。❸ 用同样的方法，将人像图 2 移至背景图层，并设置相关参数。

知识拓展

使用磁性套索工具 🎯 绘制选区的过程中，按住 Alt 键在其他区域单击，可切换为多边形套索工具 🔽 创建直线选区，放开 Alt 键即可恢复为磁性套索工具。

专家提示

运用磁性套索工具自动创建边界选区时，按 Delete 键可以删除上一个节点和线段。

招式 160 魔棒工具更换背景

Q Photoshop 中魔棒工具的快捷键是什么，它抠图的原理是什么？

A W 键，魔棒工具是一种最直观的抠图方法，通过单击并删除背景色来获取图像，一般用在图形和背景色色差明显、背景色单一、图像边界轮廓清晰等情况。

1. 更换背景

❶ 打开本书配套素材中的"第 13 章 \ 素材 \ 招式 160\ 素材 .jpg、背景图 .jpg"项目文件。❷ 选择工具箱中的 🪄（魔棒工具），设置工具选项栏中的"容差"为 32，在人像上单击，选中人像。❸ 选择工具箱中的 ➕（移动工具），将抠出来的人物拖动到背景图层。

2. 变形图像

❶ 按 Ctrl+T 快捷键，显示定界框，按住 Shift 键等比例缩小人像，按 Ctrl+T 快捷键，显示定界框，单击鼠标右键，将人像顺时针旋转 90 度。❷ 单击"图层"面板底部的"添加图层蒙版"按钮 ◙，选择工具箱中的 ✐（画笔工具），将画笔硬度设置为 80%，将前景色设置为黑色，单击图层蒙版，开始涂抹。

3. 制作人物投影

❶ 在"图层"面板中单击"添加图层样式"按钮 fx，打开"图层样式"对话框，选择"投影"选项，打开"投影"对话框，设置相应的效果参数以后，单击"确定"按钮即可为图层添加效果。❷ 单击鼠标右键，在弹出的快捷菜单中选择"创建图层"命令创建阴影图层，将图层切换到"图层 1"的投影。❸ 选择工具箱中的 ✐（橡皮擦工具），在人物投影上涂抹，擦除多余的阴影。

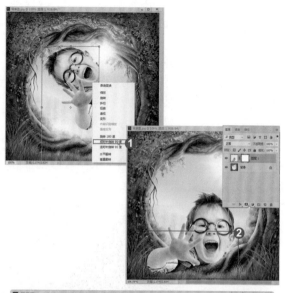

 知识拓展

"魔棒"工具 ✐ 选项栏中的"容差"，决定了什么样的像素能够与鼠标单击点的色调相似。当该值较低时，只选择与单击点像素非常相似的少数颜色；该值越高，对像素相似程度的要求就越低，因此，选择的颜色范围就越广。即使在图像的同一位置单击，设置不同的容差所选择的区域也不一样。

"容差"为 12 时创建的选区　　"容差"为 32 时创建的选区

招式 161 快速选择工具更换背景

Q 魔棒工具和快速选择工具都可以用于抠图处理，那二者工具有何不同之处呢？

A 魔棒工具和快速选择工具是基于色调与颜色差异来构建选区的工具，它们可以快速选择色彩变化不大，色调相近的区域。前者通过单击来创建选区，周边带锯齿状，或者轮廓分明的。后者分曲线和直线还有钢笔工具一样，需要像绘画一样来绘制选区。

1. 用快速选择工具选区

❶ 打开本书配套素材中的"第 13 章 \ 素材 \ 招式 161\ 素材 .jpg"项目文件。❷ 选择工具箱中的 ❡（快速选择工具），单击背景，将背景选中。

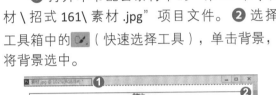

2. 移动图像素材

❶ 打开本书配套素材中的"第 13 章 \ 素材 \ 招式 161\ 背景图 .jpg"项目文件。❷ 选择工具箱中的 ❡（移动工具），将抠出来的人物拖动到背景图上。

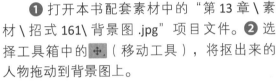

3. 添加图层样式

❶ 按 Ctrl+T 快捷键，显示定界框，按住 Shift 键等比例缩小人像，将人像移动到合适位置。❷ 单击"图层"面板底部的 "添加图层样式"按钮 fx，拖动本图层中的白色滑块，将滑块分开，将左半部分定位在色阶 85 处，拖动背景图层中的黑色滑块，将滑块分开，将右半部分定位在色阶 20 处，让人物与背景融为一体。❸ 单击"图层"面板底部的"创建新的填充或调整图层"按钮 ❡，创建"自然饱和度"调整图层，增加饱和度。

知识拓展

　　选中 （快速选择工具）选项栏中的"自动增强"复选框，可减少选区边界的粗糙度和块效应。"自动增强"会自动将选区向图像边缘进一步流动并应用一些边缘调整，也可以通过"选择并遮住"对话框手动应用这些边缘调整。

招式 162 使用"色彩范围"命令更换背景

　　Q 在 Photoshop 中，"色彩范围"命令与魔棒工具和快速选择工具有什么相同之处？有什么不同之处？

　　A "色彩范围"命令、魔棒工具和快速选择工具的相同之处，都是基于色彩差异创建选区。而"色彩范围"命令可以创建带有羽化值的选区，也就是说，选出的图像会呈现透明效果。魔棒工具和快速选择工具则不能。

1. 设置背景颜色

　　❶ 打开本书配套素材中的"第 13 章 \ 素材 \ 招式 162 \ 素材 .jpg"项目文件。❷ 选择"选择" | "色彩范围"命令，打开"色彩范围"对话框，在文档窗口中的人物背景上单击，选择颜色取样，单击"添加到取样"按钮 ，在右上角的背景区域内单击并向下移动鼠标，该处全部变成了白色，单击"确定"按钮关闭对话框。

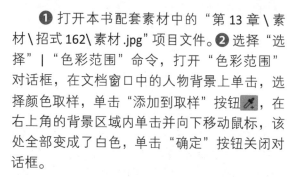

2. 移动图像素材

　　❶ 打开本书配套素材中的"第 13 章 \ 素材 \ 招式 162 \ 背景图 .jpg"项目文件。❷ 选择工具箱中的 （移动工具），将抠出来的人物拖动到背景图上，按 Ctrl+T 快捷键，按住 Shift 键等比例缩小人物，制作圣诞节海报。

专家提示

　　如果在图像中创建了选区，则"色彩范围"命令只分析选中的图像。如果要细调选区，可以重复使用该命令。

 知识拓展

　　"选区预览"选项用来设置文档窗口中的预览方式。选择"无"选项，表示窗口不再显示选区；选择"灰度"选项，可以按照选区在灰度通道中的外观来显示选区；选择"黑色杂边"选项，可在未选择的区域上覆盖一层黑色；选择"白色杂边"选项，可在未选择的区域上覆盖一层白色；选择"快速蒙版"选项，可显示选区在快速蒙版状态下的效果，未选择的区域会覆盖一层宝石红色。

★★☆☆☆ 招式 163 使用"选取相似"命令更换背景

Q 在 Photoshop 中，扩大选区与选取相似有什么区别？

A 扩大选区是在原有的选区上再扩大，选区的位置不变，但是范围变大了；选取相似是在一个图层里选取所有一样的颜色，比如你用红色作为选取相似的基点，那么一个图层里所有的红色都会被选中。扩大选区必须原来要有选区，而选取相似则不需要，本来就有选区。

1. 扩大选区

　　❶ 打开本书配套素材中的"第 13 章 \ 素材 \ 招式 163\ 素材 1.jpg"项目文件。❷ 选择工具箱中的 （快速选择工具），单击背景，将背景选中，选择"选择" | "选取相似"命令，扩大选区。

2. 移动图像素材

❶ 打开本书配套素材中的"第 13 章 \ 素材 \ 招式 163\ 背景图 .jpg"项目文件。❷ 选择工具箱中的 ✛ (移动工具) 按钮,将抠出来的人像拖入该文档中。

3. 缩小与扭曲

❶ 按 Ctrl+T 快捷键,按住 Shift 键等比例缩小人物。❷ 在"图层"面板中单击"添加图层样式"按钮 fx, 打开"图层样式"对话框,单击阴影效果名称,设置相应的效果参数以后,单击"确定"按钮即可为图层添加效果。

❸ 切换到"图层 1 的阴影",按 Ctrl+T 快捷键,单击鼠标右键,从弹出的快捷菜单中选择"扭曲"选项,将图像扭曲到合适位置。

专家提示

修改选区时,可以按下] 或 [键,将笔尖调大或调小,也可以用对话框中的缩放工具 🔍 在图像上单击放大视图比例,以便观察图像细节,用抓手工具 🖐 移动画面,调整图像的显示位置。

4. 复制图层

❶ 选择工具箱中的 ✛ (移动工具),将"素材 2.jpg"项目文件中的素材拖动到背景图上。❷ 单击"图层"面板底部的"添加图层样式"按钮 fx, 拖动本图层中的白色滑块,将滑块分开,将左半部分定位在色阶 91 处,将右半部分定位在色阶 255 处,拖动下一图层中的白色滑块,将滑块分开,将左半部分定位在色阶 114 处。❸ 按 Ctrl+J 快捷键,复制图层 2,选择工具箱中的 ✛ (移动工具),将"图层 2 的拷贝"移动到合适位置。

知识拓展

选择"选择"|"扩大选区"命令时，Photoshop 会查找并选择与当前选区中像素色调相近的像素，从而扩大选择区域，但该命令只扩大到与原选区相连接的区域。选择"选择"|"选取相似"命令时，Photoshop 同样会查找并选择那些与当前选区中的像素色调相近的像素，从而扩大选择区域，但该命令可以查找整个文档，包括与原选区没有相邻的像素。

创建选区

"扩大选区"命令扩展效果

"选取相似"命令扩展效果

★★★★☆☆ 招式 164 使用"选择并遮住"命令更换背景

Q 在 Photoshop CS6 版本中怎么就没有看见"调整边缘"这个命令呢？

A "调整边缘"命令在新版本的 Photoshop 中用"选择并遮住"命令替换，二者在使用方法上大同小异。

1. 创建选区

❶ 打开本书配套素材中的"第 13 章 \ 素材 \ 招式 164 \ 素材 3.jpg"项目文件。❷ 选择工具箱中的 （快速选择工具），在小孩身上涂抹，选中小孩。

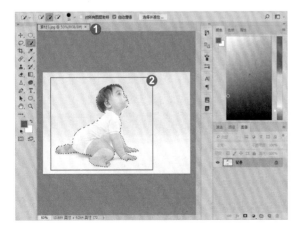

2. 细化选区

❶ 单击工具选项栏中的"选择并遮住"按钮，弹出"选择并遮住"对话框。❷ 在对话框中设置"透明度"为 100%，观察图像。❸ 选择左侧工具栏中的"调整画笔"工具 ，在小孩的头发边缘涂抹，细化选区。

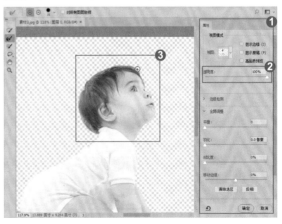

3. 抠取其他素材

❶ 单击"确定"按钮重新载入选区。
❷ 同上述使用"选择并遮住"命令细化选区的操作方法，将其他的素材进行抠取，并将素材进行组合。

4. 调整小孩色调

❶ 设置"气球"图层混合模式为"排除"。选择小孩图层，创建"色相/饱和度"调整图层，单击 ⊡ 按钮创建剪贴蒙版，调整参数，降低小孩饱和度。❷ 创建"曲线"调整图层，单击 ⊡ 按钮创建剪贴蒙版，调整 RGB 参数，调整小孩的亮度。

5. 调整色调

❶ 选中除背景图层以外的图层，按 Ctrl+G 快捷键对图层进行编组。❷ 创建"色相/饱和度"调整图层，创建剪贴蒙版，调整色相与饱和度参数，降低组内所有图像的饱和度。❸ 创建"渐变映射"调整图层，创建剪贴蒙版，在"渐变编辑器"中选择"紫、橙"渐变。❹ 设置该调整图层的混合模式为"变亮"，让添加的图像与背景颜色色调一致。

6. 制作小孩阴影

❶ 选择小孩图层，按住 Ctrl 键单击"创建新图层"按钮 ，在小孩图层下方新建一个图层。❷ 选择工具箱中的（画笔工具），在小孩与大象的接触区域涂抹黑色，选择"滤镜"|"模糊"|"动感模糊"命令，弹出"动感模糊"对话框设置相关参数。❸ 让小孩与大象的接触面更加自然，真实。

知识拓展

　　"选择并遮住"命令相当于旧版Photoshop的"调整边缘"命令，❶ 在"选择并遮住"命令中依然可以选择合适的视图模式；❷ 可对选区进行平滑、羽化、扩展等处理；❸ 也可以消除选区边缘的杂色、设置选区的输出方式。

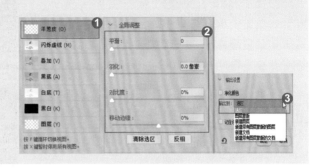

★★★★★ 招式 165　橡皮擦工具更换背景

Q　在 Photoshop 中，橡皮擦工具除了擦除多余图像外，可以进行抠图处理吗？

A　橡皮擦工具当然可以用于抠图，但不会经常用。抠图一般都会用魔术橡皮擦或是背景橡皮擦工具来进行处理。

1. 魔术橡皮擦抠图

　　❶ 打开本书配套素材中的"第 13 章 \ 素材 \ 招式 165\ 手 .jpg"项目文件。❷ 选择工具箱中的 （魔术橡皮擦工具）。❸ 在白色背景上单击，去除白色背景。

2. 移动图像素材

　　❶ 打开本书配套素材中的"第 13 章 \ 素材 \ 招式 165\ 狗狗 .jpg"项目文件。❷ 选择工具箱中的 （移动工具），将手拖动到狗狗上，按 **Ctrl+T** 快捷键，显示定界框，将光标变为 ↻ 形状时，旋转对象，放置合适位置。❸ 选择"图像" | "调整" | "通道混和器"命令，打开"通道混和器"对话框，设置参数。

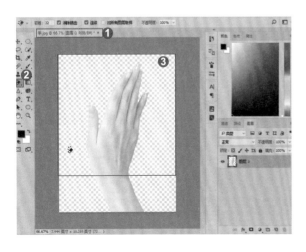

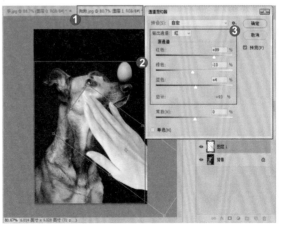

3. 输入文字

选择工具箱中的 T.（横排文字工具），将字体设置为黑体，大小设置为 36，在需要输入文字的位置单击，设置插入点，输入文字，完成公益广告的制作。

知识拓展

"魔术橡皮擦"工具 的工具选项栏中的"容差"选项用来设置可擦除的颜色范围，低容差会擦除颜色值范围内与单击点像素非常相似的像素，高容差可擦除范围更广的像素；选中"消除锯齿"复选框可以使擦除区域的边缘变得平滑；选中"连续"复选框时只擦除与单击点像素相邻的像素，取消该复选框的选中时可擦除图像中所有相似的像素；选中"对所有图层取样"复选框可以对所有可见图层中的组合数据来采集抹除色样；"不透明度"选项用来设置擦除强度，100% 的不透明度将完全擦除像素，较低的不透明度可部分擦除像素。

招式 166 钢笔工具更换背景

Q 钢笔工具是我们经常使用的抠图工具之一，它的优点是什么呢？

A 钢笔工具可以创建人物的轮廓，绘制路径，并对细小部分进行细化，非常适合人像的抠图处理。

1. 使用钢笔工具绘制路径

❶ 打开本书配套素材中的"第 13 章 \ 素材 \ 招式 166\ 背景图 .jpg"项目文件。❷ 选择工具箱中的 ⌀.（钢笔工具），在面罩镜片处绘制出路径，分别存储为路径 1 和路径 2。❸ 单击"路径"面板上的"将路径作为选区载入"按钮 ○，将路径转换为选区。

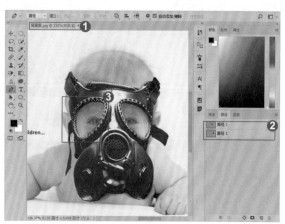

2. 载入路径

❶ 切换到"图层"面板上，单击"图层"面板上的"创建新图层"按钮 🔲，创建一个新图层，按 Ctrl+Delete 快捷键，填充背景色，按 Crtl+D 快捷键，取消选区。❷ 按照同样的方法，将路径 2 填充背景色，按 Crtl+D 快捷键，取消选区。

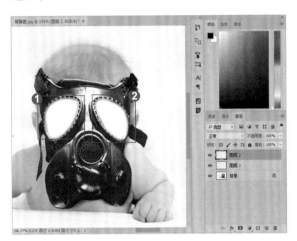

3. 移动图像素材

❶ 打开本书配套素材中的"第 13 章 \ 素材 \ 招式 166\ 素材 1.jpg、素材 2.jpg"项目文件。❷ 选择工具箱中的 ✛ （移动工具），将素材 1 与素材 2 移动到背景图上，按 Ctrl+T 快捷键显示定界框，按住 Shift 键将素材等比例缩小，放在合适位置。

4. 创建剪贴蒙版

❶ 将图层 3 移到图层 2 的下方，按住 Alt 键（光标为 ↓□ 形状），创建剪贴蒙版，将素材剪贴到镜片中。❷ 按照相同方法，将另一个素材也剪贴到相应的图层中。

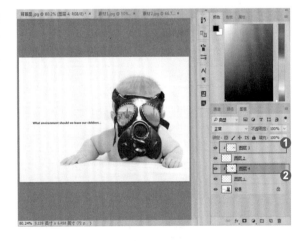

专家提示

钢笔工具 ✐ 是矢量工具，它可以绘制光滑的曲线路径。如果对象边缘光滑，并且呈现不规则形状，便可以用钢笔工具描摹对象的轮廓，再将轮廓转换为选区，从而选中对象。

知识拓展

在曲线路径上，每个锚点都包含一条或两条方向线，方向线的端点是方向点。移动方向点能够调整方向线的长度和方向，从而改变曲线的形状，让移动平滑点上的方向线时，将同时调整该点两侧的曲线路径段；移动角点上的方向线时，则只调整与方向线同侧的曲线路径段。

方向线和方向点　　　　　　移动平滑点上的方向线　　　　　　移动角点上的方向线

招式 167 自由钢笔工具更换背景

Q 在 Photoshop 中，自由钢笔工具可以抠图吗？该怎样进行操作呢？

A 自由钢笔工具与套索工具一样，可以绘制比较随意的图像，使用该工具根据所要抠图图像的边缘拖曳，Photoshop 会自动添加锚点，选择抠图的范围。

1. 使用自由钢笔工具绘制路径

❶ 打开本书配套素材中的"第 13 章 \ 素材 \ 招式 167\ 素材 .jpg"项目文件。❷ 选择工具箱中的 （自由钢笔工具），在人像边缘单击并拖动鼠标，绘制成路径。

2. 载入路径

❶ 单击"路径"面板上的"将路径作为选区载入"按钮 ，载入选区。❷ 切换到图层面板上。

3. 添加矢量蒙版

❶ 打开本书配套素材中的"第13 章\素材\招式 167\背景图.jpg"项目文件。❷ 选择工具箱中的✛.(移动工具),将抠出来的人像移动到该文档中。❸ 单击"图层"面板中的"添加矢量蒙版"按钮▢,选择工具箱中的▢.(画笔工具),适当降低画笔不透明度,用黑色画笔涂抹人物头顶,让人物过渡自然。

 知识拓展

使用自由钢笔工具⌀后,在工具选项栏中选中"磁性的"复选框,可将自由钢笔工具转换为磁性钢笔工具⌀。使用磁性钢笔工具时,在对象边缘单击,然后放开鼠标,沿边缘拖动即可创建路径。绘制路径时按下 Delete 键删除锚点,双击则闭合路径。

招式 168 图层蒙版更换背景

Q 图层蒙版是 Photoshop 处理图像时常用的工具之一,它可以隐藏图像内容,但不会将其删除,那其工作原理是什么呢?

A 图层蒙版通过蒙版中的灰度信息来控制图像的显示区域。用黑色涂抹会隐藏图像,用白色涂抹则显示图像。

1. 创建图层蒙版

❶ 打开本书配套素材中的"第13 章\素材\招式 168\素材 1.jpg"项目文件。❷ 选择工具箱中的(魔棒工具),单击背景,将背景选中,按 Ctrl+Shift+I 组合键,反选选区,将人物选中。❸ 单击"图层"面板上的"添加矢量蒙版"按钮▢。

2. 缩小图像素材

❶ 打开本书配套素材中的"第13章\素材\招式168\背景图.jpg"项目文件。❷ 按Ctrl+T快捷键，显示定界框，将光标变为形状时，旋转对象，放置合适位置。

4. 添加鸽子素材

按Ctrl+O快捷键打开"鸽子"素材，将素材添加到编辑的文档中，并分别调整鸽子的大小，合成图像。

3. 修补绳子

❶ 按Enter键确认变形操作。使用"多边形套索"工具，在绳子上创建选区，按Ctrl+J快捷键拷贝选区的内容至新的图层上。❷ 选择工具箱中的 （魔棒工具），将蓝色背景进行加选，按Delete键删除，并移动位置。❸ 选中图层蒙版，用黑色画笔工具涂抹多余的绳子，将其隐藏，让绳子吊在岩石上。

知识拓展

创建图层蒙版后，蒙版缩览图和图像缩览图中间有一个链接图标，它表示蒙版与图像处于链接状态，此时进行变换操作，蒙版会与图像一同变换。选择"图像"|"图层蒙版"|"取消链接"命令，或者单击该图标，可以取消链接。取消后可以单独变换图像，也可以单独变换蒙版。

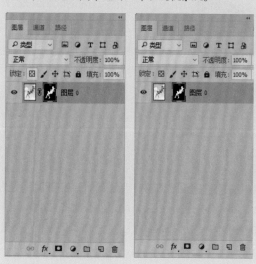

★★★☆☆
招式 **169** 利用通道的对比更换背景

Q 利用通道的对比进行抠图的原理是什么呢？什么情况下会用到该方法？

A 利用调整命令增加通道的对比度，根据颜色边缘的深浅来创建选区。通常各个通道对比强烈时使用该方法，快而便捷地将图像进行抠取。

1. 设置色阶

❶ 打开本书配套素材中的"第 13 章\素材\招式 169\素材 1.jpg"项目文件。❷ 打开"通道"面板，将"蓝"通道拖动到"创建新通道"按钮 ⬚ 上复制，得到"蓝拷贝"通道。❸ 选择"图像"|"调整"|"色阶"命令，在弹出的"色阶"对话框中设置相关数值，增强其对比度。

2. 抠取图像

❶ 按 W 键，选择工具箱中的 ⬚（快速选择工具），选中白色区域，按 Ctrl+Shift+I 组合键反选。❷ 在"通道"面板上单击 ⬚ 按钮，生成一个新的 Alpha 1 通道，返回"图层"面板，单击"添加矢量蒙版"按钮 ⬚。❸ 按照同样方法，将"素材 2.jpg"项目文件中的人物抠出来。

3. 旋转与缩放

❶ 打开本书配套素材中的"第 13 章\素材\招式 169\背景图 .jpg"项目文件。❷ 选择工具箱中的 ⬚（移动工具），将抠出来的两个人物移动到背景图上。❸ 按 Ctrl+T 快捷键显示定界框，按住 Shift 键将素材等比例缩小，放在合适位置。

4. 添加图层蒙版

❶ 按 Ctrl+T 快捷键显示定界框，当光标变为 形状时，旋转对象，放置合适位置。❷ 单击鼠标右键，在弹出的快捷菜单中选择"删除图层蒙版"命令，将蒙版删除。❸ 单击"图层"面板中的"添加图层蒙版"按钮 ，添加蒙版。

5. 擦除多余图像

选择工具箱中的 （画笔工具），设置前景色为黑色，在蒙版上涂抹，去除多余的图像。

知识拓展

"通道"面板可以创建、保存和管理通道。打开一个图形时，Photoshop 会自动创建该图像的颜色信息通道。

● 复合通道：面板中最先列出的通道是复合通道，在复合通道下可以同时预览和编辑所有颜色通道。
● 颜色通道：用于记录图像颜色信息的通道。
● 专色通道：用来保存专色油墨的通道。
● Alpha 通道：用来保存选区的通道。
● 将通道作为选区载入 ：单击该按钮，可以载入所选通道内的选区。
● 将选区存储为通道 ：单击该按钮，可以将图像中的选区保存在通道内。
● 创建新通道 ：单击该按钮，可创建 Alpha 通道。
● 删除当前通道 ：单击该按钮，可删除当前选择的通道，但复合通道不能删除。

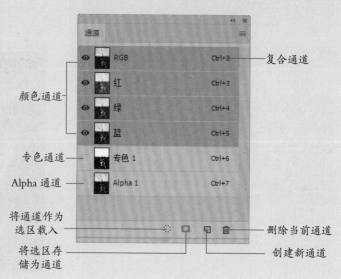

★★★☆☆ 招式 170 利用通道的差异性更换背景

Q 如果不想用调整命令调整通道的对比，还有没有其他的通道抠图方法呢？

A 每个通道显示的颜色区域都会不一样，可以根据通道的差异性，有选择地选取图像。

1. 打开图像素材

❶ 打开本书配套素材中的"第 13 章 \ 素材 \ 招式 170\ 素材 .jpg"项目文件。❷ 切换到"通道"面板上，单击"红"通道，按 W 键，选择工具箱中的 ▨（快速选择工具）。❸ 在工具栏中单击"添加到选区"按钮▨，在深色部位单击创建选区。

2. 创建选区

❶ 切换至"蓝"通道,同样在深色部位单击,选中深色的人物。按照同样的方法，在"绿"通道中选择深色人物。❷ 在"通道"面板中单击 RGB 通道，退出通道模式，返回 RGB 模式。

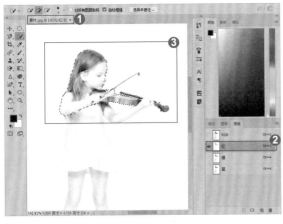

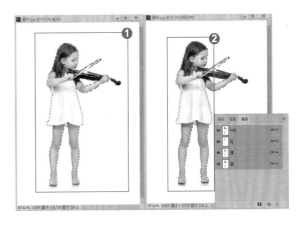

3. 移动图像素材

❶ 打开本书配套素材中的"第 13 章 \ 素材 \ 招式 170 背景图 .jpg"项目文件。❷ 选择工具箱中的 ✛（移动工具），将抠出来的人物拖入该文档中。❸ 按 Ctrl+T 快捷键显示定界框，按住 Shift 键将素材等比例缩小，放在合适位置，在"图层"面板中单击"添加图层样式"按钮 fx。

4. 添加阴影

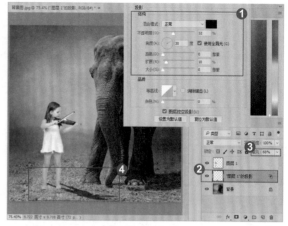

❶ 打开"图层样式"对话框，单击阴影效果名称，设置相应的效果参数。❷ 选择"图层"|"图层样式"|"创建图层"命令，将投影效果以单独图层展示。❸ 按 Ctrl+T 快捷键显示定界框，单击鼠标右键，扭曲图像，放在合适位置。❹ 设置投影图层的"填充"为 68%。

5. 模糊阴影

❶ 选择"滤镜"|"模糊"|"高斯模糊"命令，在弹出的"高斯模糊"对话框中设置参数，模糊阴影。❷ 单击"图层"面板底部的"创建新的填充或调整图层"按钮 ◢，创建"色相/饱和度"调整图层，按 Ctrl+Alt+G 组合键创建剪贴蒙版，调整饱和度参数，降低小孩的饱和度。❸ 创建"曲线"调整图层，创建剪贴蒙版，调整 RGB 曲线，降低人物亮度。

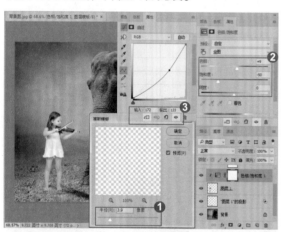

6. 协调环境色

❶ 创建"颜色填充"调整图层，在弹出的"拾色器"对话框中选择土黄色 (#8c5a02)，创建剪贴蒙版。❷ 设置该调整图层的混合模式为"正片叠底"、不透明度为 29%，让女孩与环境色融为一体。❸ 选择小女孩图层，添加图层蒙版，用黑色的画笔工具涂抹人物边缘，让人物融入到背景中。并用加深工具涂抹人物，制作出人物阴影。

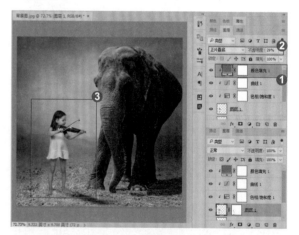

知识拓展

● 如果当前图像包含选区，按住 Ctrl 键单击"通道""路径""图层"面板中的缩览图时，可以通过按下按键来进行选区运算。按住 Ctrl 键（光标变为 形状）单击可以将它作为一个新选区载入；按住 Ctrl+Shift 快捷键（光标变为 形状）单击可将它添加到现有的选区中；按 Ctrl+Alt 快捷键（光标变为 形状）单击可以从当前选区中减去载入的选区；按住 Ctrl+Shift+Alt 组合键（光标变为 形状）单击可进行与当前选区相交的操作。

★★★☆☆
招式 **171** 色阶调整配合通道更换背景

Q 我知道通道抠图时，都会和色阶结合起来使用，那色阶抠图的原理是什么呢？

A 色阶命令可以调整图像的暗调、中间调和高光的亮度，让图像的反差、明暗和层次对比更强，根据照片对比载入选区，让图像的背景与内容产生分离。

1. 复制绿色通道

❶ 打开本书配套素材中的"第 13 章 \ 素材 \ 招式 171\ 素材 .jpg"项目文件。❷ 打开"通道"面板，将"绿"通道拖动到"创建新通道"按钮 上复制，得到绿色副本。

2. 调整色阶

❶ 选择"图像"|"色阶"命令，打开"色阶"对话框，单击"在图像中取样以设置白场"按钮 ，在背景上单击，吸取画面中的白色区域。❷ 单击"在图像中取样以设置黑场"按钮 ，在人物头发上单击，吸取画面中的黑色区域。

3. 载入选区

❶ 选择工具箱中的 （画笔工具），用白色画笔涂抹背景，黑色画笔涂抹人物。❷ 单击"通道"面板下的"将通道作为选区"按钮 ，载入制作好的选区。❸ 按 Alt 键双击"背景"图层，将背景图层转化为普通图层，单击"图层"面板下的"添加图层蒙版"按钮 ，将背景隐藏。

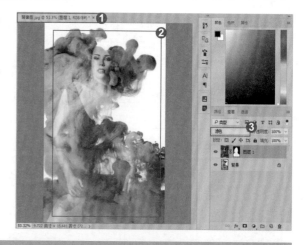

4. 移动素材图像

❶ 打开本书配套素材中的"第13章\素材\招式 171\ 背景图 .jpg"项目文件。❷ 选择工具箱中的 ✛ (移动工具),将抠出来的人像拖入该文档中。❸ 切换到图层 1 上,设置该图层的混合模式为"滤色",融合人物,制作双重曝光效果。

专家提示

复制一个颜色通道,得到的并不是颜色通道的副本,而是 Alpha 通道。除了灰度信息完全一样外,它与颜色通道之间没有任何联系。

知识拓展

在使用通道编辑选区的实际操作中,有时看不到图像会影响我们的某些操作。例如,描绘对象边缘时,会因无法看到图像而无法定位边界,如果遇到这种情况,❶ 可以单击复合通道前面的眼睛图标,Photoshop 会显示图像并以一种颜色替代 Alpha 通道中的灰度图像,这种效果类似于在快速蒙版状态下编辑选区一样,编辑完毕后,❷ 可单击 RGB 复合通道,激活所有颜色通道,可重新显示彩色图像。

招式 172 钢笔工具配合通道更换背景

Q 钢笔工具经常与通道结合抠取复杂的发丝,那具体该如何操作呢?

A 利用钢笔工具将发丝除外的人物进行抠取,保存选区,再加选头发选区,即可将复杂的头发抠取出来。

1. 使用钢笔工具绘制路径

❶ 打开本书配套素材中的 "第 13 章 \ 素材 \ 招式 172\ 素材 .jpg" 项目文件，按 Ctrl+J 快捷键拷贝选区的内容至新的图层上。❷ 单击工具箱中的 ❷.（钢笔工具），设置 "工作模式" 为 "路径"，沿着人物的外轮廓绘制一个封闭路径。

2. 调整色阶

❶ 将路径转换为选区，单击 "图层" 面板底部的 "创建图层蒙版" 按钮 ◻，为该图层添加一个蒙版。❷ 选择 "背景" 图层，切换至 "通道" 面板，复制 "蓝" 通道。❸ 按 Ctrl+L 快捷键，打开 "色阶" 对话框，调整参数，让图像黑白分明。

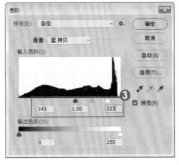 

3. 复制通道

❶ 按住 Ctrl 键单击 "蓝 拷贝" 通道，载入选区，回到 "图层" 面板，在 "背景" 图层上按 Ctrl+J 快捷键复制选区内的图像。❷ 隐藏 "背景" 图层，此时图像呈现透明度，完成人物的抠取。

4. 去除头发杂色

❶ 按 Ctrl+O 快捷键打开 "素材 2" 文件，将抠取出来的人物拖曳至素材中，调整人物大小和位置。❷ 选择 "图层 1"，吸取粉色背景色，选择工具箱中的 ✏（画笔工具），设置工具选项栏中的 "模式" 为 "颜色"、不透明度为 15%，在左边头发边缘涂抹，去除头发杂色。

5. 去除右边头发的杂色

同上述去除头发杂色的操作方法，吸取青色，使用画笔工具去除右边头发上的杂色。

知识拓展

使用钢笔工具绘制的曲线叫作贝塞尔曲线。其原理是在锚点上加上两个控制柄，不论调整哪一个控制柄，另外一个始终与它保持成一直线并与曲线相切。贝塞尔曲线具有精确和易于修改的特点，被广泛地应用在计算机图形领域，如 Illustrator、CorelDRAW、FreeHand、Flash、3ds Max 等软件都包含绘制贝塞尔曲线的功能。

招式 173 渐变映射配合通道更换背景

Q 在通道抠图处理中，渐变映射的作用是什么呢？

A "渐变映射"可以用渐变重新调整图像，在原始的灰度图像中加入所选颜色，让复杂的图像变得简单。

1. 设置渐变颜色

❶打开本书配套素材中的"第13章\素材\招式 173\素材 .jpg"项目文件。❷单击"图层"面板上的"创建新的填充或调整图层"按钮 ，创建"渐变映射"调整图层，打开"渐变编辑器"对话框，设置红色到黑色的渐变，单击"确认"按钮，即可设置映射渐变效果。

2. 调整色阶

❶打开"通道"面板，拖动"红"通道至面板底部的"创建新通道"按钮 上，复制通道。❷按 Ctrl+L 快捷键，弹出"色阶"对话框，设置相关参数，加强对比。

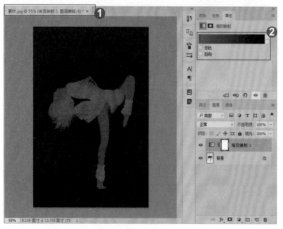
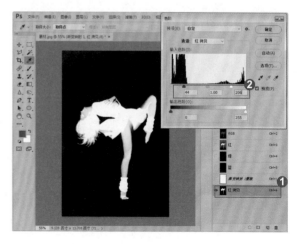

3. 载入选区

❶ 选择工具箱中的 ✎（画笔工具），将前景色设置为白色，将人物的头发及身体涂抹成白色。❷ 单击"将通道作为选区载入"按钮 ⊙，载入人物选区。

4. 复制图层

❶ 反选选区，单击 RGB 通道，退出通道模式。❷ 单击"背景"图层，按 Ctrl+J 快捷键，复制图层。❸ 隐藏"背景"图层与"渐变映射"图层。

5. 绘制绳索

❶ 打开本书配套素材中的"第 13 章 \ 素材 \ 招式 173\ 背景图 .jpg"项目文件。❷ 选择工具箱中的 ✛（移动工具），将抠出来的人物拖动到背景图上，按 Ctrl+T 快捷键，显示定界框，按住 Shift 键将人物等比例缩小。

❸ 选择工具箱中的 ✎（画笔工具），绘制出一个绳子，将不透明度设置为 50％。

❹ 单击"图层"面板中的"添加矢量蒙版"按钮 ▢，选择工具箱中的 ▢（渐变工具），填充一个线性渐变，隐藏绳子部分图像。

 专家提示

在涂抹白色时，要注意头发与背景的交界位置，过渡要柔和，可以通过画笔大小与硬度来实现。

 知识拓展

渐变映射会改变图像色调的对比度。要避免出现这种情况，可以使用"渐变颜色"调整图层，将调整图层的混合模式设置为"颜色"，使它只能改变图像的颜色，而不会影响图像的亮度。

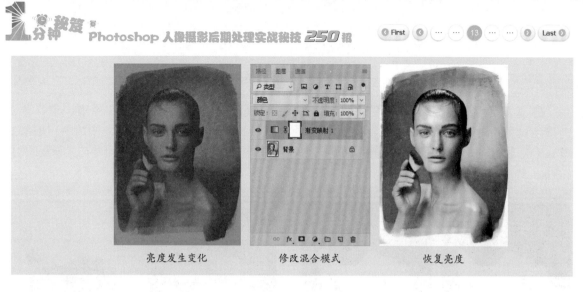

亮度发生变化　　　　　修改混合模式　　　　　恢复亮度

招式 174 使用"计算"命令更换背景

Q 在 Photoshop 中通道经常会结合"计算"命令来进行抠图处理，那使用"计算"命令抠图的原理是什么呢？

A "计算"命令可以混合两个来自一个或多个源图像的单个通道。使用该命令可以创建新的通道和选区，生成新的黑白图像。

1. 复制图层

❶ 打开本书配套素材中的"第13章\素材\招式174\素材.jpg"项目文件。❷ 切换至"通道"面板，将"蓝"通道拖到"创建新图层"按钮上，拷贝"蓝"通道。

2. 设置混合模式

❶ 选择"图像"|"计算"命令，在弹出的"计算"对话框中设置"混合"为"正片叠底"。
❷ 单击"确定"按钮关闭对话框。生成一个新通道，按 Ctrl+L 快捷键打开"色阶"对话框，调整参数，加强对比。

3. 添加蒙版

❶ 单击"确定"按钮关闭对话框,选择工具箱中的 ✍.（画笔工具）,用黑色画笔涂抹孩子。❷ 按住 Ctrl 键单击 Alpha1 通道,载入选区,单击复合通道,切换到"图层"面板。❸ 单击"图层"面板底部的"创建图层蒙版"按钮 ◘ ,添加蒙版,去除小孩背景。

4. 制作海报

❶ 打开"背景图.jpg"项目文件,使用移动工具将小孩拖曳到背景文件,按 Ctrl+T 快捷键显示定界框,调整图像的大小和位置。❷ 设置小孩图层的混合模式为"正片叠底"、不透明度为 **77%**,制作淘宝海报。

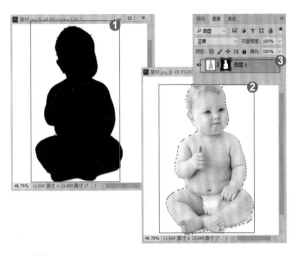

 专家提示

"计算"对话框中的"图层""通道""混合""不透明度"和"蒙版"等选项与"应用图像"命令相同。

知识拓展

在"计算"对话框中,"源 1"选项用来选择第一个源图像、图层和通道;"源 2"选项用来选择与"源 1"混合的第二个源图像、图层和通道,该文件必须是打开的,且与"源 1"的图像具有相同尺寸和分辨率;"结果"选项可以选择一种计算结果的生成方式。

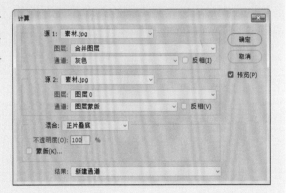

招式 175　使用"应用图像"命令更换背景

Q 在 Photoshop 中，"应用图像"命令有几种控制混合范围的方法？

A 两种，第一种是选中"保留透明区域"复选框，将混合效果限定在图层的不透明区域内；第二种方法是选中"蒙版"复选框，显示出隐藏的选项，然后选择包含蒙版的图像和图层。

1. 复制通道

❶打开本书配套素材中的"第13章\素材\招式175\素材.jpg"项目文件。❷打开"通道"面板，将"蓝"通道拖动到"创建新通道"按钮 上复制，得到"蓝 拷贝"通道。

2. 应用图像

❶选择"图像"|"应用图像"命令，在弹出的"应用图像"对话框中设置参数，单击"确定"按钮关闭对话框。❷按 Ctrl+L 快捷键打开"色阶"对话框，将阴影滑块和高光滑块向中间移动，增加对比度。

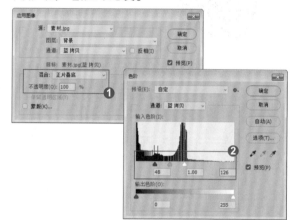

3. 载入选区

❶单击工具箱中的 （画笔工具），将前景色设置为黑色，将人物的头发及面部涂抹成黑色。❷单击"将通道作为选区载入"按钮，载入人物选区。

4. 复制图层

❶ 单击 RGB 通道，退出通道模式。❷ 单击 "背景" 图层，按 Ctrl+J 快捷键，复制图层。❸ 隐藏 "背景" 图层。

5. 打开图像素材

❶ 打开本书配套素材中的 "第13章\素材\招式 175\ 背景图 .jpg" 项目文件。❷ 单击工具箱中的 <kbd>移动</kbd>（移动工具），将抠出来的人像拖动到背景图上，按 Ctrl+T 快捷键显示定界框，单击鼠标右键，在弹出的快捷菜单中选择 "水平翻转" 命令，将图像水平翻转。

6. 添加图层样式

❶ 单击 "图层" 底部的 "添加图层样式" 按钮 <kbd>fx</kbd>，拖动下一图层中的白色滑块，将滑块分开，将左半部分定位在色阶 139 处。❷ 单击 "图层" 面板中的 "添加图层蒙版" 按钮 <kbd>◻</kbd>，选择工具箱中的 <kbd>画笔</kbd>（画笔工具），将画笔大小调成 90 像素，硬度大小为 50，将前景色填充成灰色，涂抹人像边缘处。

知识拓展

　　"应用图像" 和 "计算" 命令有许多不同之处。从操作方法上来看，"应用图像" 命令需要先选择被混合的目标通道，之后再打开 "应用图像" 对话框指定参与混合的通道；"计算" 命令不会受到这种限制，打开 "计算" 命令对话框后，可以任意指定目标通道，因此它更灵活些。不过，如果要对同一通道进行多次的混合，使用 "应用图像" 命令操作更加方便，因为该命令不会生产新的通道，而 "计算" 命令则必须来回切换通道。

14

第 14 章

为旧照换新颜

老照片承载着一辈人的成长历程，是最美好的回忆，但经过岁月的磨砺和洗礼，让老照片出现破损、发黄、发霉等问题，本章主要通过去除发霉点、清除划痕、修复破损等修复老照片的技巧和方法，掌握老照片修复的规律。

★★★★★
招式 **176** 去除扫描相片上的发霉点和刮痕

Q 家里的老照片存放时间太长了，加上环境潮湿，老照片上出现了霉点，该怎么办啊？

A 可以用修饰工具将霉点去除，再使用蒙尘与划痕将刮痕去除，还原一张干净的老照片。

1. 去除照片污点

❶ 打开本书配备资源中的"第 14 章 \ 素材 \ 招式 176\ 老照片 .jpg 项目文件。❷ 按 Ctrl+J 快捷键复制背景图层，生成"图层 1"，选择工具箱中的 📷（污点修复画笔工具），在图像中有污渍的位置单击并拖动鼠标，修复图像。同上述操作方法，修复画面中大面积的发霉点和刮痕，直到图像中无明显的痕迹。

2. 调整色阶

❶ 单击"图层"面板底部的"创建新的填充或调整图层"按钮 ◕，创建"色阶"调整图层，在弹出的"色阶"对话框中调整"蓝"通道参数。❷ 按 **Ctrl+Shift+Alt+G** 组合键盖印图层，按 **Ctrl+J** 快捷键复制该图层，得到"图层 1 拷贝"图层。选择"滤镜"|"杂色"|"蒙尘与划痕"命令，在弹出的"蒙尘与划痕"对话框中设置相关参数。

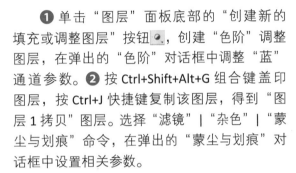

知识拓展

　　锐化图像时，Photoshop 会提高图像中两种相邻颜色（或灰度层次）交界处的对比度，使它们的边缘更加明显，令其看上去更加清晰，造成锐化的错觉。

锐化前

锐化后

3. 去除刮痕

❶ 单击"确定"按钮关闭对话框，按住 Alt 键的同时单击"图层"面板底部的"添加图层蒙版"按钮 ▣，为该图层添加一个反相的蒙版，选择工具箱中的 ✒️（画笔工具），适当降低画笔的不透明度，用白色的画笔涂抹四周背景，去除背景上的刮痕。❷ 按 Ctrl+Shift+Alt+G 组合键盖印图层，选择"滤镜"|"其他"|"高反差保留"命令，在弹出的"高反差保留"对话框中设置相关参数，单击"确定"按钮关闭对话框，设置该图层的混合模式为"柔光"，加强老照片的对比度。

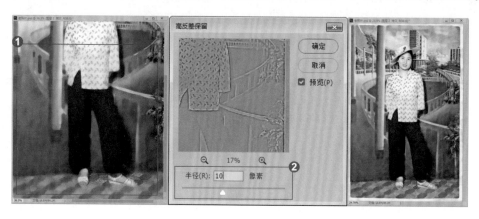

招式 177 清除黑白老照片的网纹

Q 将老照片扫描到计算机中，出现了网纹，在 Photoshop 中该如何处理呢？

A 可以用"特殊模糊"命令对网纹进行模糊，然后将老照片锐化，让老照片焕然一新。

1. 打开图像素材

❶ 打开本书配备资源中的"第 14 章 \ 素材 \ 招式 177\ 老照片 .jpg"项目文件。❷ 按 Ctrl+J 快捷键复制背景图层，生成"图层 1"，选择工具箱中的 ✂️（磁性套索工具），将背景选中。❸ 选择"滤镜"|"模糊"|"特殊模糊"命令，在弹出的"特殊模糊"对话框中设置参数，模糊网纹。

2. 去除背景中的网格

❶ 选择"滤镜"|"锐化"|"USM 锐化"命令，在弹出的"USM 锐化"对话框中设置参数，锐化图像。❷ 同上述去除网纹的操作方法，去除人物后面树林背景中的网纹。

3. 调整色调

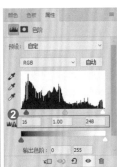

❶ 单击"确定"按钮关闭对话框，单击"图层"面板底部的"创建新填充或调整图层"按钮 🔵，创建"色彩平衡"调整图层，调整"中间调"的参数。❷ 单击"图层"面板底部的"创建新填充或调整图层"按钮 🔵，创建"色阶"调整图层，调整相应的参数，调整照片色彩。

知识拓展

"特殊模糊"滤镜提供了半径、阈值和模糊品质等设置选项，可以精确地模糊图像。

- "半径"：设置模糊的范围，该值越高，模糊效果越明显。
- "阈值"：确定像素具有多大差异后才会被处理。
- "品质"：设置图像的品质，包括"低""中"和"高"三种。
- "模式"：在该选项的下拉列表中可以选择模糊效果的模式，在"正常"模式下，不会添加特殊模糊；在"仅限边缘"模式下，会以黑色显示图像，以白色描绘出图像边缘像素亮度值变化强烈的区域；在"叠加边缘"模式下，则以白色描绘出图像边缘像素亮度值变化强烈的区域。

正常模式模糊图像　　　　　仅限边缘模式模糊图像　　　　　叠加边缘模式模糊图像

招式 178 清除相片中的数码杂色

Q 在整理老照片时，发现老照片上存在特别多的杂点，影响了老照片的美观，该如何处理呢？

A 可以用 Photoshop 将杂点先去除，然后将小杂点进行模糊处理即可。

1. 打开图像素材

❶ 打开本书配备资源中的"第 14 章\素材\招式 178\老照片 .jpg"项目文件。❷ 按 Ctrl+J 快捷键复制背景图层，生成"图层 1"。选择"滤镜"|"杂色"|"减少杂色"命令，在弹出的"减少杂色"对话框中设置"强度"为 8、"减少杂色"为 84%、"锐化细节"为 50%。

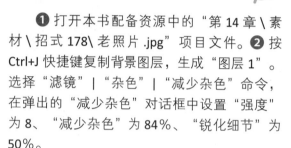
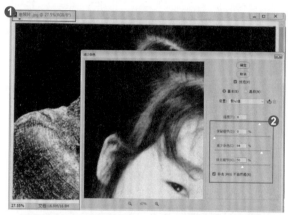

2. 修复图像污点

❶ 单击"确定"按钮关闭对话框。按 Ctrl+Shift+Alt+G 组合键盖印图层，生成图层 2。❷ 选择工具箱中的 （污点修复画笔工具），在文件中有污渍的位置单击并拖动鼠标，清除污渍。

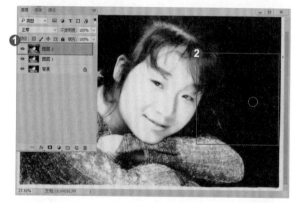

3. 锐化图像

❶ 选择"滤镜"|"锐化"|"USM 锐化"命令，在弹出的"USM 锐化"对话框中设置"数量"为 10 个像素，"半径"为 100 个像素。❷ 单击"确定"按钮关闭对话框，选择"滤镜"|"模糊"|"高斯模糊"命令，在弹出的"高斯模糊"对话框中设置"半径"为 2.5 像素，单击"确定"按钮关闭对话框，去除照片杂色。

专家提示

使用数码相机拍照时，如果用很高的 ISO 设置、曝光不足或者用较慢的快门速度在黑暗区域中拍照，就可能会导致出现杂色。"减少杂色"滤镜对于去除照片中的杂色非常有效。

知识拓展

"减少杂色"滤镜可基于影响整个图像或各个通道的用户设置保留边缘，同时减少杂色。在"基本"选项参数栏中，可以设置滤镜的基本参数，包括"强度"、"保留细节"和"减少杂色"等。

- 设置：单击"存储当前设置的拷贝"按钮 ，可以将当前设置的调整参数保存为一个预设，以后需要使用该参数调整图像时，可在"设置"下拉列表中将它选择，从而对图像自动调整。如果要删除创建的自定义预设，可单击 按钮。
- 强度：用来控制应用于所有图像通道的亮度杂色减少量。
- 保留细节：用来设置图像边缘和图像细节的保留程度。当该值为 100% 时，可保留大多数图像细节，但会将亮度杂色减到最少。
- 减少杂色：用来消除随机的颜色像素，该值越高，减少的杂色越多。
- 锐化细节：用来对图像进行锐化。
- 移去 JPEG 不自然感：选中该复选框后，可以去除由于使用低 JPEG 品质设置存储图像而导致的斑驳的图像伪像和光晕。

 179 清除边缘褪色照片

Q 老照片感受到潮气或是曾经有水洒在表面，时间一久就会褪色，针对这种褪色该如何处理呢？

A 可以将褪色的区域选中，进行颜色调整或是修饰即可将褪色去除。

1. 打开图像素材

❶ 打开本书配备资源中的"第 14 章 \ 素材 \ 招式 179\ 老照片 .jpg"项目文件。❷ 按 Ctrl+J 快捷键复制背景图层，生成"图层 1"。选择工具箱中的 （磁性套索工具），将背景较暗的部分选中。

2. 调整色调

单击"图层"面板底部的"创建新的填充或调整图层"按钮，创建"选取颜色1"调整图层，弹出"可选颜色"对话框，在"颜色"下拉列表中调整黄色、白色、中性色、黑色的参数。

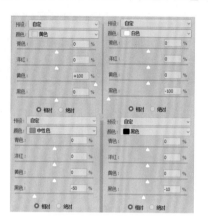

3. 调整色调

❶ 单击"图层"面板底部的"创建新的填充或调整图层"按钮，创建"选取颜色2"调整图层，在"颜色"下拉列表中调整白色、中性色的参数。❷ 选择"图层"面板底部的"创建新的填充或调整图层"按钮，创建"色彩平衡1"调整图层，调整"中间调"的参数。

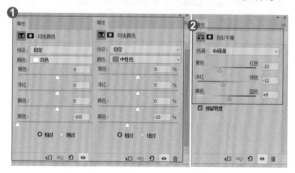

4. 调整色相与饱和度

❶ 单击"图层"面板底部的"创建新图层"按钮，创建一个"图层2"，选择工具箱中的（矩形选框工具），选择相册，按Shift+I快捷键反向，填充一个白色。❷ 单击"图层"面板底部的"创建新填充或调整图层"按钮，创建"色相/饱和度"调整图层，设置相应的参数。

知识拓展

单击"可选颜色"对话框中的"相对"按钮，可按照总量的百分比修改颜色的含量；单击"绝对"按钮，采用绝对值调整颜色。

原片   "相对"选项下调整图像

"绝对"选项下调整图像

招式 180 去除老照片的污渍

Q 老照片和现在的照片保存方式不一样，如果照片出现了污渍，该如何去除污渍呢？

A 可在 Photoshop 中将污渍用污点修复画笔工具去除，再清除照片上的杂点或是霉点，就可以将照片还原。

1. 去除污渍

❶ 打开本书配备资源中的"第 14 章 \ 素材 \ 招式 180\ 老照片 .jpg"项目文件。❷ 按 Ctrl+J 快捷键复制背景图层，生成"图层 1"，选择工具箱中的 🖌（污点修复画笔工具），在文件中有污渍的位置单击并拖动鼠标，去除照片中的污渍。

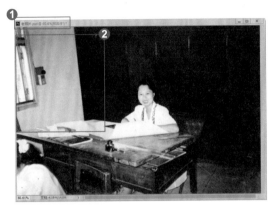

2. 去除杂点

❶ 按 Ctrl+J 快捷键复制背景图层，生成"图层 1 拷贝"图层。选择"滤镜"|"杂色"|"蒙尘与划痕"命令，弹出"蒙尘与划痕"对话框设置相应的参数，❷ 按住 Alt 键的同时单击"图层"面板底部的"添加图层蒙版"按钮 🔲，为该图层添加一个反相的蒙版，选择工具箱中的 🖌（画笔工具），用白色画笔在霉点上涂抹。

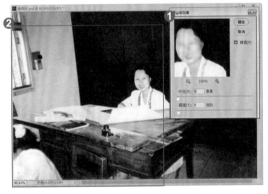

3. 调整色调

❶ 单击"图层"面板底部的"创建新的填充或调整图层"按钮 🔘，创建"曲线 1"调整图层，调整"蓝"通道的参数。❷ 选择"图层"面板底部的"创建新的填充或调整图层"按钮 🔘，创建"色彩平衡 1"调整图层，调整"中间调"的参数。❸ 单击"图层"面板底部的"创建新的填充或调整图层"按钮 🔘，创建"色相 / 饱和度"调整图层，调整相应的参数，完成效果如下。

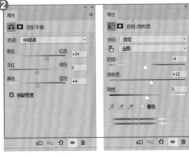

★★☆☆☆
招式 **181** 修复破损老照片

Q 老照片存放年代久远，出现了破损怎么办？

A 利用污点修复画笔工具可以快速去除照片中的污点、划痕和其他不理想的部分。

1. 修复划痕

❶ 打开本书配备资源中的"第14章\素材\招式181\老照片.jpg"项目文件。按 Ctrl+J 快捷键复制背景图层，生成"背景拷贝"。❷ 选择工具箱中的 （污点修复画笔工具），在文件中有划痕的位置单击并拖动鼠标。

2. 去除污渍与划痕

❶ 继续选择工具箱中的 （污点修复画笔工具），在老照片中有划痕的位置单击并拖动鼠标，去除划痕和破损。❷ 按 Ctrl+J 快捷键复制图层，选择"滤镜"|"杂色"|"蒙尘与划痕"命令，在弹出的"蒙尘与划痕"对话框中设置相应的参数。

3. 添加边框

❶ 按住 Alt 键的同时单击"图层"面板底部的"添加图层蒙版"按钮 ▢ ，为该图层添加一个反相的蒙版，选择工具箱中的 ✐ （画笔工具），去除杂点。❷ 单击"图层"面板底部的"创建新的填充或调整图层"按钮 ◑ ，创建"曲线1"调整图层，调整"蓝"通道的参数。❸ 按 Ctrl+Shift+Alt+G 组合键盖印图层，选择工具箱中的 ▢ （矩形选框工具），在照片内创建选区，反选选区，填充白色，为老照片添加新的边框。

知识拓展

　　白色边框除了可以用选框工具制作外，还可以使用矩形选框工具、描边命令、边界命令、纯色调整图层、图层样式等方法创建。

招式 **182** 还原照片原本色彩

Q 经过时间的洗礼，老照片失去了原本的色彩，在 Photoshop 中该如何进行还原呢？

A 可以利用 Photoshop 中各个调色命令对照片进行调整，还原原本色彩。

1. 调整"蓝"通道

　　❶ 打开本书配备资源中的"第 14 章 \ 素材 \ 招式 182\ 老照片 .jpg"项目文件，按 Ctrl+J 快捷键复制背景图层，生成"图层 1"。
❷ 单击"图层"面板底部的"创建新的填充或调整图层"按钮 ◉，创建"曲线 1"调整图层，调整"蓝"通道的参数。

2. 调整色调

　　❶ 按 Ctrl+Shift+Alt+G 组合键盖印图层，单击"图层"面板底部的"创建新的填充或调整图层"按钮 ◉，创建"曲线 2"调整图层，调整相应的参数。❷ 单击"图层"面板底部的"创建新的填充或调整图层"按钮 ◉，创建"选取颜色 1"调整图层，调整白色、蓝色的参数。

知识拓展

　　曲线上最多可以有 16 个控制点，也就是说，它能够把整个色调范围（0~255）分为 15 段来调整，因此，对于色调的控制非常准确。而色阶只有三个滑块，它只能分 3 段（阴影、中间调、高光）调整色阶。因此，曲线对于色调的控制可以做到更加精确，它可以调整一定色调区域内的像素，而不影响其他像素，色阶是无法做到这一点的，这就是曲线的强大之处。

3. 继续调整色调

❶ 单击 "图层" 面板底部的 "创建新的填充或调整图层" 按钮 📷 ，创建 "色相 / 饱和度 1" 调整图层，调整 "全图" 的参数。❷ 单击 "图层" 面板底部的 "创建新的填充或调整图层" 按钮 📷 ，创建 "曲线 3" 调整图层，调整相应的参数，❸ 完成的还原照片原本色彩的效果。

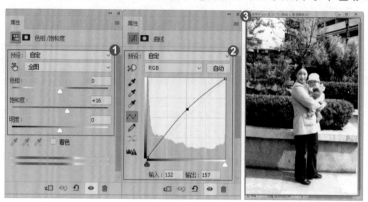